地面气象观测规范

中国气象局

气象出版社

图书在版编目(CIP)数据

地面气象观测规范/中国气象局编. —北京:气象出版社,2003.11(2024.4 重印)
ISBN 978-7-5029-3690-7

Ⅰ. 地… Ⅱ. 中… Ⅲ. 地面-气象观测-规范 Ⅳ. P412.1

中国版本图书馆 CIP 数据核字(2003)第 102338 号

DIMIAN QIXIANG GUANCE GUIFAN

地面气象观测规范

中国气象局

责任编辑：张锐锐　俞卫平　　终　审：周诗健
封面设计：王　伟　　责任技编：吴庭芳　　责任校对：吴庭芳

出版发行：	气象出版社		
出版社地址：	北京市海淀区中关村南大街46号	邮政编码：	100081
总 编 室：	010-68407112	网　　址：	http://www.qxcbs.com
发 行 部：	010-68409198	E-mail：	qxcbs@cma.gov.cn
印　　刷：	三河市君旺印务有限公司	版　　次：	2003年11月第1版
开　　本：	880mm×1230mm　1/16	印　　次：	2024年4月第7次印刷
印　　张：	10	字　　数：	288千字
定　　价：	98.00元		

本书如存在文字不清、漏印以及缺页、倒页、脱页等,请与本社发行部联系调换

前　言

现行的《地面气象观测规范》(1979年版)自1980年在全国地面气象观测站施行以来,至今已使用了二十多年,对于促进我国地面气象观测业务的发展起到了重要作用。1996年,随着新型气象辐射观测仪器的推广使用,中国气象局制定并颁发了《气象辐射观测方法》,保证了气象辐射观测业务的顺利开展。伴随着地面气象观测自动化进程的推进,从1999年开始,针对不同设备先后制定了《地面有线综合遥测气象仪(Ⅱ型)观测规范(试用本)》和《自动气象站地面气象观测规范(适用于 Milos500 型)》,为各种类型的自动气象站的业务推广奠定了技术基础。但是,随着自动气象站在全国气象台站的广泛使用,急需既包括人工观测,又包括使用不同型号自动气象站进行自动观测的统一的地面气象观测规范。另外,鉴于配备了气象辐射观测传感器的自动气象站将取代原来的气象辐射观测仪器,新的地面气象观测规范应包括气象辐射观测的内容。因此,从2001年5月起,在调查研究的基础上,开始组织编写本规范。在规范的编写过程中,坚持"立足当前、面向未来、兼顾历史"的原则。经多方征求意见,反复讨论、修改,先后数易其稿,历时近两年,完成了本规范的编写。

本规范既适用于自动观测方式,又适用于人工观测方式;同时,也考虑了我国气象部门拓宽服务领域的需求和地面气象观测新技术发展的现状。本规范承接了1979年颁布的《地面气象观测规范》的主要内容,一定程度上保持了观测方法的连续性,规范了自动气象站的技术要求和观测方法,涵盖了1996年颁布的《气象辐射观测方法》的内容,新增了适应沙尘天气预报所需的地面状态观测、最小能见度以及草面(雪面)温度观测,根据服务需求和技术发展扩充了部分观测要素的测量范围,摒弃了过时不用的部分观测项目和内容,部分内容和计算公式与WMO的气象仪器和观测方法指南取得了一致。因此,本规范不仅适用于我国气象部门不同类型、不同观测方式的地面气象观测站,而且其他部门不同专业的地面气象观测站也可参照使用。

本规范规定了地面气象观测的基本任务、观测方法、技术要求以及观测记录的处理方法；各种自动化设备的具体安装、操作和维护以及地面气象测报业务软件的具体使用方法由相应的使用手册进行规定，并成为本规范的重要补充。今后，将根据气象业务和服务发展需要，制定新的地面气象观测项目的观测方法和技术要求，并以《补充篇》的方式对本规范进行补充。

本规范由中国气象局监测网络司组织编写，宗曼晔、王晓辉、刘小宁、陈永清、陈绍有、马恒超、王树廷、郭锡钦、张纬敏、郭发辉、柏兰、孙玉珍、杨志彪、李崇志、陆国璋、米鸿涛、李进虎等同志参加编写。

中国气象局
2003 年 7 月

目　　录

前言

第一编　总则 …………………………………………………………………………（1）

第1章　地面气象观测组织工作 ……………………………………………………（1）
1.1　观测站的分类以及观测方式和任务 …………………………………………（1）
1.2　观测项目 …………………………………………………………………………（2）
1.3　观测程序 …………………………………………………………………………（2）
1.4　时制、日界和对时 ……………………………………………………………（3）
1.5　地面气象观测员 …………………………………………………………………（4）

第2章　地面气象观测场 ……………………………………………………………（5）
2.1　环境条件要求 ……………………………………………………………………（5）
2.2　观测场 ……………………………………………………………………………（5）
2.3　观测场内仪器设施的布置 ……………………………………………………（5）
2.4　站址迁移及其对比观测要求 …………………………………………………（8）
2.5　观测值班室 ………………………………………………………………………（8）

第3章　地面气象观测仪器 …………………………………………………………（9）
3.1　地面气象观测仪器的一般要求 ………………………………………………（9）
3.2　地面气象观测仪器的基本技术性能 …………………………………………（9）
3.3　维护和检验 ……………………………………………………………………（10）
3.4　换用不同技术特性仪器的平行观测要求 ……………………………………（10）

第二编　气象要素的观测 ……………………………………………………………（11）

第4章　云 ……………………………………………………………………………（11）
4.1　概述 ……………………………………………………………………………（11）
4.2　云状 ……………………………………………………………………………（11）
4.3　云量 ……………………………………………………………………………（14）
4.4　云高 ……………………………………………………………………………（14）
4.5　夜间及特殊情况下云的观测和记录 …………………………………………（16）

第5章　能见度 ………………………………………………………………………（17）
5.1　概述 ……………………………………………………………………………（17）
5.2　白天能见度的观测 ……………………………………………………………（17）
5.3　夜间能见度的观测 ……………………………………………………………（19）
5.4　能见度观测仪 …………………………………………………………………（20）

第6章　天气现象 ……………………………………………………………………（21）
6.1　概述 ……………………………………………………………………………（21）
6.2　天气现象的特征和符号 ………………………………………………………（21）
6.3　观测和记录 ……………………………………………………………………（24）
6.4　天气现象观测仪 ………………………………………………………………（26）
6.5　纪要栏的记载 …………………………………………………………………（26）

第7章 气压 ... (28)
7.1 概述 ... (28)
7.2 水银气压表 ... (28)
7.3 气压计 ... (31)
7.4 电测气压传感器 ... (32)
7.5 计算海平面气压 ... (33)

第8章 空气温度和湿度 ... (35)
8.1 概述 ... (35)
8.2 百叶箱 ... (35)
8.3 干湿球温度表 ... (36)
8.4 最高温度表 ... (38)
8.5 最低温度表 ... (39)
8.6 温度计 ... (40)
8.7 铂电阻温度传感器 ... (40)
8.8 毛发湿度表 ... (41)
8.9 湿度计 ... (44)
8.10 湿敏电容湿度传感器 ... (45)
8.11 遥测通风干湿球传感器 ... (45)
8.12 通风干湿表 ... (46)

第9章 风向和风速 ... (48)
9.1 概述 ... (48)
9.2 EL型电接风向风速计 ... (48)
9.3 EN型系列测风数据处理仪 ... (52)
9.4 海岛自动测风系统 ... (52)
9.5 轻便风向风速表 ... (52)
9.6 单翼风向传感器和风杯风速传感器 ... (53)
9.7 螺旋桨式风向风速感应器 ... (53)

第10章 降水 ... (54)
10.1 概述 ... (54)
10.2 雨量器 ... (54)
10.3 翻斗式雨量计 ... (55)
10.4 虹吸式雨量计 ... (58)
10.5 双阀容栅式雨量传感器 ... (59)

第11章 雪深和雪压 ... (61)
11.1 概述 ... (61)
11.2 观测地段 ... (61)
11.3 雪深观测 ... (61)
11.4 雪压观测 ... (61)

第12章 蒸发 ... (64)
12.1 概述 ... (64)
12.2 E-601B型蒸发器 ... (64)
12.3 小型蒸发器 ... (66)

第13章　辐射 （68）
13.1　概述 （68）
13.2　总辐射的观测 （70）
13.3　净全辐射的观测 （71）
13.4　太阳直接辐射的观测 （73）
13.5　散射辐射与反射辐射的观测 （76）
13.6　长波辐射的观测 （78）
13.7　紫外辐射的观测 （79）
13.8　辐射自动观测仪 （79）

第14章　日照 （81）
14.1　概述 （81）
14.2　暗筒式日照计 （81）
14.3　聚焦式日照计 （82）
14.4　日照传感器 （83）

第15章　地温 （85）
15.1　概述 （85）
15.2　玻璃液体地温表 （85）
15.3　铂电阻地温传感器 （88）

第16章　冻土 （90）
16.1　概述 （90）
16.2　冻土器 （90）

第17章　电线积冰 （92）
17.1　概述 （92）
17.2　电线积冰架和观测辅助工具 （92）
17.3　观测和记录 （93）
17.4　注意事项 （95）

第18章　地面状态 （96）
18.1　概述 （96）
18.2　场地的选择 （96）
18.3　观测记录 （96）

第三编　自动气象观测系统 （98）
第19章　自动气象观测系统 （98）
19.1　概述 （98）
19.2　结构及工作原理 （98）
19.3　硬件 （99）
19.4　系统软件 （101）
19.5　采样和算法 （101）
19.6　安装 （102）
19.7　日常工作 （103）
19.8　维护 （103）
19.9　自动气象站网 （103）

第四编 记录处理和报表编制 (104)

第20章 月地面气象记录处理和报表编制 (104)
- 20.1 月报表的编制要求 (104)
- 20.2 月报表的填写规定 (104)
- 20.3 观测记录的计算机处理 (107)
- 20.4 观测记录的统计方法 (108)
- 20.5 三次观测站02时记录的统计规定 (110)
- 20.6 夜间不守班站天气现象的填写方法和统计规定 (111)
- 20.7 月报表格式 (111)

第21章 月气象辐射记录处理和报表编制 (112)
- 21.1 月报表的填写规定 (112)
- 21.2 观测记录的计算机处理 (112)
- 21.3 观测记录的统计方法 (113)
- 21.4 月报表格式 (114)

第22章 年地面气象资料处理和报表编制 (115)
- 22.1 年报表的编制要求 (115)
- 22.2 年报表的填写规定 (115)
- 22.3 观测资料的计算机处理 (116)
- 22.4 观测资料的统计方法 (116)
- 22.5 三次与四次观测、白天守班与昼夜守班观测资料合并统计的规定 (119)
- 22.6 站址迁移前后观测记录的统计 (120)
- 22.7 年报表的格式 (120)

第23章 缺测记录的处理和不完整记录的统计 (121)
- 23.1 疑误记录的处理方法 (121)
- 23.2 缺测记录的处理方法 (121)
- 23.3 不完整记录的统计规定 (123)

- 附录1 地面气象观测仪器的基本技术性能 (126)
- 附录2 湿度参量的计算公式 (129)
- 附录3 风力等级表 (131)
- 附录4 气象辐射观测常用的公式 (133)
- 附录5 气象辐射量新旧符号与单位换算 (135)
- 附录6 月观测记录质量检查方法和内容 (137)
- 附录7 辐射观测中常用的附表 (139)
- 附录8 日照量别日数时数值表(小时) (149)

第一编 总 则

第1章 地面气象观测组织工作

气象观测是气象工作的基础。地面气象观测是气象观测的重要组成部分,它是对地球表面一定范围内的气象状况及其变化过程进行系统地、连续地观察和测定,为天气预报、气象信息、气候分析、科学研究和气象服务提供重要的依据。

地面气象观测是每个地面气象观测站的基本工作任务之一,必须严肃、认真、负责地做好。

由于近地面层的气象要素存在着空间分布的不均匀性和随时间变化的脉动性,因此地面气象观测记录必须具有代表性、准确性、比较性。

代表性——观测记录不仅要反映测点的气象状况,而且要反映测点周围一定范围内的平均气象状况。地面气象观测在选择站址和仪器性能,确定仪器安装位置时要充分满足观测记录的代表性要求。

准确性——观测记录要真实地反映实际气象状况。地面气象观测使用的气象观测仪器性能和制订的观测方法要充分满足本规范规定的准确度要求。

比较性——不同地方的地面气象观测站在同一时间观测的同一气象要素值,或同一个地面气象观测站在不同时间观测的同一气象要素值能进行比较,从而能分别表示出气象要素的地区分布特征和随时间变化的特点。地面气象观测在观测时间、观测仪器、观测方法和数据处理等方面要保持高度统一。

本规范是从事地面气象观测工作的业务规则和技术规定,观测工作中必须严格遵守。

地面气象观测仪器和业务软件的技术、操作手册是对本规范的必要补充,编制时必须以本规范为依据,其内容不得与之相违背。地面气象观测人员在认真贯彻执行本规范的同时,也要熟练掌握地面气象观测仪器和业务软件的技术、操作手册中的有关内容,确保正确顺利地完成地面气象观测任务。

本规范的制定、修改和解释权属国务院气象主管机构。

1.1 观测站的分类以及观测方式和任务

1.1.1 观测站分类

地面气象观测站按承担的观测任务和作用分为国家基准气候站、国家基本气象站、国家一般气象站三类,可根据需要设置无人值守气象站。承担气象辐射观测任务的站,按观测项目的多少分为一级站、二级站和三级站。

国家基准气候站——简称基准站。是根据国家气候区划,以及全球气候观测系统的要求,为获取具有充分代表性的长期、连续气候资料而设置的气候观测站,是国家气候站网的骨干。必要时可承担观测业务试验任务。

国家基本气象站——简称基本站。是根据全国气候分析和天气预报的需要所设置的地面气象观测站,大多担负区域或国家气象信息交换任务,是国家天气气候站网中的主体。

国家一般气象站——简称一般站。主要是按省(区、市)行政区划设置的地面气象观测站,获取的观测资料主要用于本省(区、市)和当地的气象服务,也是国家天气气候站网的补充。

无人值守气象站——简称无人站。是在不便建立人工地面气象观测站的地方,利用自动气象站建立的无人地面气象观测站,用于天气气候站网的空间加密,观测项目和发报时次可根据需要而设定。

另外还可布设机动地面气象观测站,按气象业务和服务的临时需要组织所需的地面气象观测。

气象辐射观测一级站——进行总辐射、散射辐射、太阳直接辐射、反射辐射和净全辐射观测的辐射观测站。

气象辐射观测二级站——进行总辐射、净全辐射观测的辐射观测站。

气象辐射观测三级站——只进行总辐射观测的辐射观测站。

1.1.2 观测方式

地面气象观测分为人工观测和自动观测两种方式,其中人工观测又包括人工目测和人工器测。

1.1.3 观测任务

地面气象观测工作的基本任务是观测、记录处理和编发气象报告。

(1)为积累气候资料按规定的时次进行定时气象观测。自动观测项目每天进行24次定时观测;人工观测项目,昼夜守班站每天进行02、08、14、20时4次定时观测,白天守班站每天进行08、14、20时3次定时观测。基准站使用自动气象站后以自动观测记录进行编发报,但仍然保留24次按表1.2的规定进行人工定时观测。

(2)为制作天气预报提供气象实况资料按规定的时次进行天气观测,并按规定的种类和电码及数据格式编发各种地面气象报告。

(3)进行国务院气象主管机构根据业务发展需要新增加项目的观测。

(4)按省、地、县级气象主管机构的规定,进行自定项目和开展气象服务所需项目的观测。

(5)经省级气象主管机构指定的气象站,按规定的时次、种类和电码,观测、编发定时加密天气观测报告、不定时加密雨量观测报告和其他气象报告。

(6)按统一的格式和规定统计整理观测记录,进行记录质量检查,按时形成并传送观测数据文件和各种报表数据文件,并可打印出各类报表。

(7)按有关协议观测、编发定时航空天气观测报告和不定时危险天气观测报告。

(8)对出现的灾害性天气及时进行调查记载。

1.2 观测项目

1.2.1 按国务院气象主管机构规定的方法和要求开展的观测项目

(1)各台站均须观测的项目:云、能见度、天气现象、气压、空气的温度和湿度、风向和风速、降水、日照、蒸发、地面温度(含草温)、雪深;

(2)由国务院气象主管机构指定地面气象观测站观测的项目:浅层和深层地温、冻土、电线积冰、辐射、地面状态;

(3)由省级气象主管机构指定地面气象观测站观测的项目:雪压;根据服务需要增加的观测项目。

各定时观测项目分别见表1.1、表1.2。

1.2.2 按省、地、县级气象主管机构自行规定的方法和要求开展的观测项目

由省、地、县级气象主管机构根据需要自定。

1.3 观测程序

1.3.1 自动观测方式观测程序

(1)每日日出后和日落前巡视观测场和仪器设备,具体时间,各站自定,但站内必须统一;

(2)正点前约10分钟查看显示的自动观测实时数据是否正常;

(3)00分,进行正点数据采样;

(4)00~01分,完成自动观测项目的观测,并显示正点定时观测数据,发现有缺测或异常时及时按第23章的规定处理;

(5)01~03分,向微机内录入人工观测数据;

(6)按照各类气象报告的时效要求完成各种定时天气报告和观测数据文件的发送。

1.3.2 人工观测方式观测程序

(1)一般应在正点前30分钟左右巡视观测场和仪器设备,尤其注意湿球温度表球部的湿润状况,做

好湿球溶冰等准备工作；

（2）45~60分观测云、能见度、空气温度和湿度、降水、风向和风速、气压、地温、雪深等发报项目，连续观测天气现象；

（3）雪压、冻土、蒸发、地面状态等项目的观测可在40分至正点后10分钟内进行；

（4）日照在日落后换纸，其他自记仪器的换纸时间由省级气象主管机构自定；

（5）电线积冰观测时间不固定，以能测得一次过程的最大值为原则；

（6）观测程序的具体安排，台站可根据观测项目的多少和观测仪器的布设状况确定，但气压观测时间应尽量接近正点，全站的观测程序必须统一，并且尽量少变动。

表1.1 定时自动观测项目表

时 间	北 京 时		地 平 时	
	每 小 时	20时	每 小 时	24时
观测项目	气压、气温、湿度、风向、风速、地温及其极值和出现时间、时降水量、时蒸发量	日蒸发量	辐射时曝辐量 辐射辐照度及其极值、出现时间 时日照时数	辐射日曝辐量 辐射日最大辐照度及出现时间 日日照时数

表1.2 定时人工观测项目表

时 间	北 京 时				真太阳时
	02、08、14、20时	08时	14时	20时	日落后
观测项目	云 能见度 气压 气温 湿度 风向、风速 0~40 cm 地温	降水量 冻土 雪深 雪压	80~320 cm 地温 地面状态	降水量 蒸发量 最高、最低气温 最高、最低地面温度	日日照时数

说明：1. 基准站实现自动观测后，云、能见度、气压、气温、湿度和风向、风速仍进行24次定时人工观测。
2. 天气现象连续观测。

1.4 时制、日界和对时

1.4.1 时制

人工器测日照采用真太阳时，辐射和自动观测日照采用地方平均太阳时，其余观测项目均采用北京时。

1.4.2 日界

人工器测日照以日落为日界，辐射和自动观测日照以地方平均太阳时24时为日界，其余观测项目均以北京时20时为日界。

1.4.3 对时

（1）台站观测时钟采用北京时。

（2）使用自动气象站的地面气象观测站以自动气象站采集器的内部时钟为观测时钟；采集器与计算机每小时自动对时一次，保持两者时钟同步；值班员每天19时正点检查屏幕显示的采集器时钟，当与电台报时的北京时相差大于30秒时，在正点后按自动气象站操作手册规定的操作方法调整采集器的内部时钟，保证误差在30秒之内。

（3）未使用自动气象站的地面气象观测站，观测用钟表要每日19时对时，保证误差在30秒之内。

1.5 地面气象观测员

(1)应经过系统业务技术培训,参加业务主管部门定期组织的考核,取得省级或以上业务主管部门认定的地面气象观测业务岗位资格。

(2)应熟练掌握地面气象观测技术,遵守观测值班纪律,密切监视天气演变,坚持实事求是,不得涂改、伪造观测记录,认真地按本规范的要求完成观测任务。

(3)负责观测仪器和场地的日常维护,时刻保持仪器和场地处于良好状态。

(4)在每次观测时,要及时、认真地填写地面气象观测记录簿和向微机终端输入人工观测记录,并应按规定的数据格式和编码规定按时发送气象观测数据,编制报表和预审。

(5)应积极参加业务主管部门组织的专项业务技术进修培训,不断掌握新的观测业务技术知识和新仪器的使用维护方法。

第 2 章　地面气象观测场

2.1　环境条件要求

地面气象观测场必须符合观测技术上的要求。

(1)地面气象观测场是取得地面气象资料的主要场所,地点应设在能较好地反映本地较大范围的气象要素特点的地方,避免局部地形的影响。观测场四周必须空旷平坦,避免建在陡坡、洼地或邻近有铁路、公路、工矿、烟囱、高大建筑物的地方。避开地方性雾、烟等大气污染严重的地方。

地面气象观测场四周障碍物的影子应不会投射到日照和辐射观测仪器的受光面上,附近没有反射阳光强的物体。

(2)在城市或工矿区,观测场应选择在城市或工矿区最多风向的上风方。

(3)地面气象观测场的周围环境应符合《中华人民共和国气象法》以及有关气象观测环境保护的法规、规章和规范性文件的要求。

(4)地面气象观测的环境必须依法进行保护。

(5)地面气象观测场周围观测环境发生变化后要进行详细记录。新建、迁移观测场或观测场四周的障碍物发生明显变化时,应测定四周各障碍物的方位角和高度角,绘制地平圈障碍物遮蔽图。

(6)无人值守气象站和机动气象观测站的环境条件可根据设站的目的自行掌握。

2.2　观测场

(1)观测场一般为 25 m×25 m 的平整场地;确因条件限制,也可取 16 m(东西向)×20 m(南北向),高山站、海岛站、无人站不受此限;需要安装辐射仪器的台站,可将观测场南边缘向南扩展 10 m。

(2)要测定观测场的经纬度(精确到分)和拔海高度(精确到 0.1 m),其数据刻在观测场内固定标志上。

(3)观测场四周一般应设置约 1.2 m 高的稀疏围栏,围栏不宜采用反光太强的材料。观测场围栏的门一般开在北面。场地应平整,保持有均匀草层(不长草的地区例外),草高不能超过 20 cm。对草层的养护,不能对观测记录造成影响。场内不准种植作物。

(4)为保持观测场地自然状态,场内铺设 0.3~0.5 m 宽的小路(不得用沥青铺面),人员只准在小路上行走。有积雪时,除小路上的积雪可以清除外,应保护场地积雪的自然状态。

(5)根据场内仪器布设位置和线缆铺设需要,在小路下修建电缆沟(管)。电缆沟(管)应做到防水、防鼠,便于维护。

(6)观测场的防雷设施必须符合气象行业规定的防雷技术标准的要求。

2.3　观测场内仪器设施的布置

观测场内仪器设施的布置要注意互不影响,便于观测操作。具体要求:

(1)高的仪器设施安置在北面,低的仪器设施安置在南面;

(2)各仪器设施东西排列成行,南北布设成列,相互间东西间隔不小于 4 m,南北间隔不小于 3 m,仪器距观测场边缘护栏不小于 3 m;

(3)仪器安置在紧靠东西向小路南面,观测员应从北面接近仪器;

(4)辐射观测仪器一般安装在观测场南面,观测仪器感应面不能受任何障碍物影响;

(5)因条件限制不能安装在观测场内的观测仪器,总辐射、直接辐射、散射辐射、日照以及风观测仪器可安装在天空条件符合要求的屋顶平台上,反射辐射和净全辐射观测仪器安装在符合条件的有代表性下垫面的地方；

（6）观测场内仪器的布置可参考图 2.1；

（7）仪器安装和维护、检查按表 2.1 的要求进行；

（8）北回归线以南的地面气象观测站观测场内仪器设施的布置可根据太阳位置的变化进行灵活掌握，使观测员的观测活动尽量减少对观测记录代表性和准确性的影响。

表 2.1 仪器安装要求表

仪器	要求与允许误差范围		基准部位
干湿球温度表	高度 1.50 m	± 5 cm	感应部分中心
最高温度表	高度 1.53 m	± 5 cm	感应部分中心
最低温度表	高度 1.52 m	± 5 cm	感应部分中心
温度计	高度 1.50 m	± 5 cm	感应部分中部
湿度计	在温度计上层横隔板上		
毛发湿度表	上部固定在温度表支架上横梁上		
温湿度传感器	高度 1.50 m	± 5 cm	感应部分中部
雨量器	高度 70 cm	± 3 cm	口缘
虹吸式雨量计	仪器自身高度		
翻斗式遥测雨量计	仪器自身高度		
雨量传感器	高度不得低于 70 cm		口缘
小型蒸发器	高度 70 cm	± 3 cm	口缘
E-601B 型蒸发器	高度 30 cm	± 1 cm	口缘
地面温度表（传感器）	感应部分和表身埋入土中一半		感应部分中心
草面温度传感器	离地面 6 cm	± 1 cm	感应部分中心
地面最高、最低温度表	感应部分和表身埋入土中一半		感应部分中心
曲管地温表（浅层地温传感器）	深度 5、10、15、20 cm 倾斜角 45°（曲管地温表）	± 1 cm ± 5°	感应部分中心 表身与地面
直管地温表（深层地温传感器）	深度 40、80 cm 深度 160 cm 深度 320 cm	± 3 cm ± 5 cm ± 10 cm	感应部分中心
冻土器	深度 50~350 cm	± 3 cm	内管零线
日照计（传感器）	高度以便于操作为准 纬度以本站纬度为准 方位正北	 ± 0.5° ± 5°	 底座南北线
辐射表（传感器）	支架高度 1.50 m 直射、散射辐射表： 方位正北 纬度以本站纬度为准	± 10 cm ± 0.25° ± 0.1°	支架安装面 底座南北线
风速器（传感器）	安装在观测场高 10~12 m		风杯中心
风向器（传感器）	安装在观测场高 10~12 m 方位正南（北）	 ± 5°	风标中心 方位指南（北）杆
电线积冰架	上导线高度 220 cm	± 5 cm	导线水平面
定槽水银气压表	高度以便于操作为准		水银槽盒中线
动槽水银气压表	高度以便于操作为准		象牙针尖
气压计（传感器）	高度以便于操作为准		感应部分中心
采集器箱	高度以便于操作为准		

第 2 章 地面气象观测场

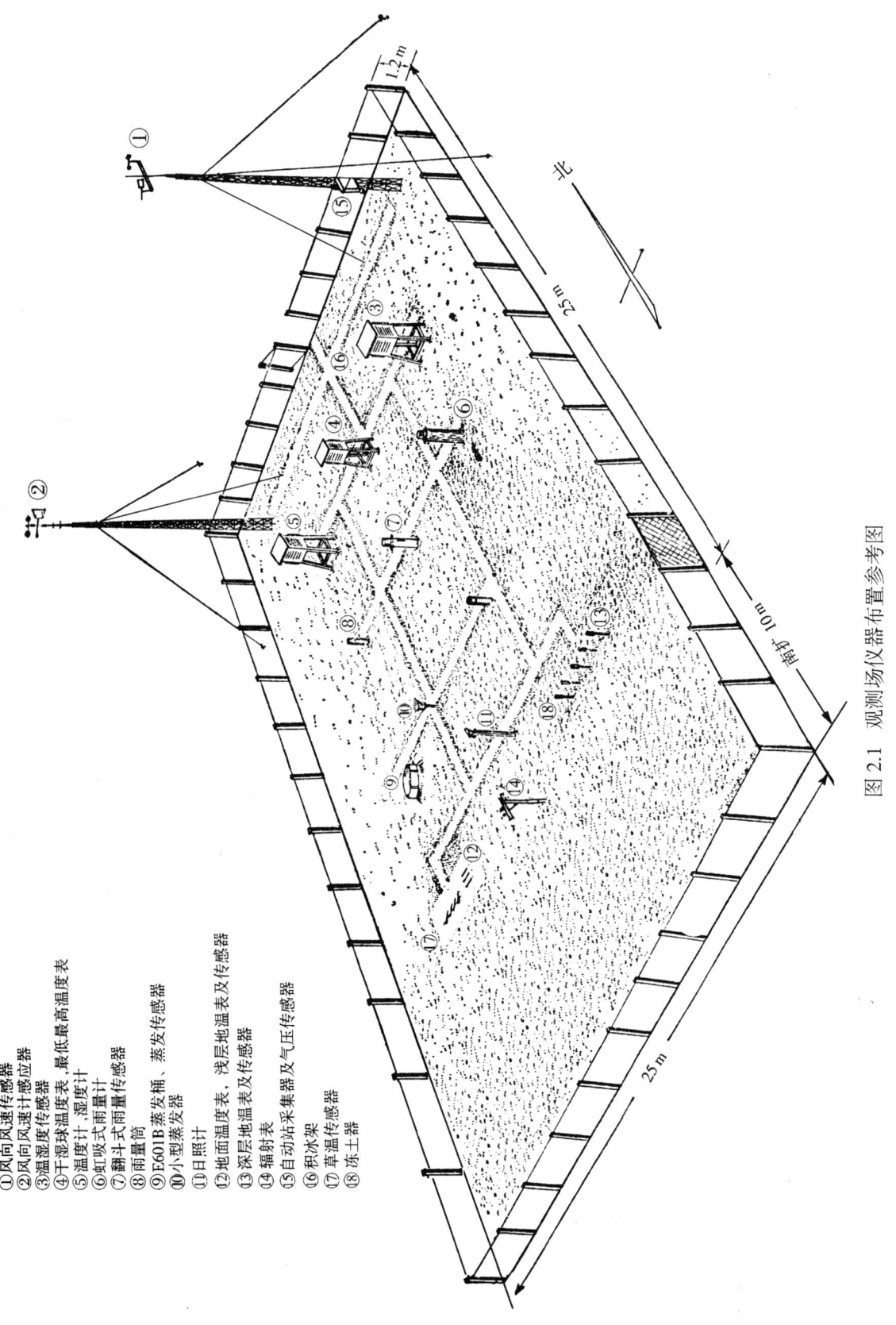

①风向风速传感器
②风向风速计风速应器
③温湿度传感器
④干湿球温度表，最低最高温度表
⑤温度计、湿度计
⑥虹吸式雨量计
⑦翻斗式雨量传感器
⑧雨量筒
⑨E601B蒸发桶、蒸发传感器
⑩小型蒸发器
⑪日照计
⑫地面温度表、浅层地温及传感器
⑬深层地温表及传感器
⑭辐射表
⑮自动站采集器及气压传感器
⑯积冰架
⑰草温传感器
⑱冻土器

图 2.1 观测场仪器布置参考图

2.4 站址迁移及其对比观测要求

（1）基准站、基本站和辐射站站址的迁移必须报国务院气象主管机构审批；一般站站址迁移必须报省级气象主管机构审批，并报国务院气象主管机构备案。

（2）为取得全年完整的观测资料，在旧站址的观测记录应持续到12月31日，新站址的正式观测记录应从1月1日开始。

（3）为了了解站址迁移前后观测资料序列的差异，为正确使用迁站前后观测资料提供依据，凡新旧两地水平距离超过2000 m，或拔海高度差在100 m以上、或地形环境有明显差异时，迁站时须在新旧站址同时进行对比观测。对比观测可在迁站前进行，也可在迁站后进行。

（4）对比观测项目为气温（包括最高、最低）、湿度、风向、风速、深层地温（无深层地温观测任务的站不必进行）。

对比观测的时间，基准站为1年（1~12月）；基本站和一般站为1、4、7或7、10、1月三个月。每天进行对比观测的时次为02、08、14、20时（80 cm、160 cm、320 cm等层的地温仅在14时）4个时次，夜间不守班的地面气象观测站02时可用自记记录代替。

（5）对比观测资料应统计整理成月报表，并存档上报。

2.5 观测值班室

观测值班室是安放室内观测仪器的场所和值班观测员的工作室。

（1）一般应建在观测场北边，保证观测员在值班室有较开阔的视野，能看见观测场的全貌，可随时监视观测场的情况和天气的变化。

（2）安装集中控制和分配供电电源的配电箱。

（3）防雷必须符合气象行业规定的防雷技术标准的要求。

第 3 章 地面气象观测仪器

3.1 地面气象观测仪器的一般要求

（1）应具有国务院气象主管机构业务主管部门颁发的使用许可证，或经国务院气象主管机构业务主管部门审批同意用于观测业务；
（2）准确度满足规定的要求；
（3）可靠性高，保证获取的观测数据可信；
（4）仪器结构简单、牢靠耐用，能维持长时间连续运行；
（5）操作和维护方便，具有详细的技术及操作手册。

3.2 地面气象观测仪器的基本技术性能

地面气象观测站使用的自动气象站基本技术性能应符合表 3.1 的要求。

表 3.1 我国自动气象站技术性能要求表

测量要素	测量范围	分辨力	准确度	平均时间	采样速率
气温	−50 ~ +50℃	0.1℃	0.2℃	1 min	6 次/min
相对湿度	0~100%	1%	4%（≤80%） 8%（>80%）	1 min	6 次/min
气压	500~1100 hPa（任意 200 hPa）	0.1 hPa	0.3 hPa	1 min	6 次/min
风向	0~360°	3°	5°	3 s 1 min 2 min 10 min	1 次/s
风速	0~60 m/s	0.1 m/s	(0.5 + 0.03 V) m/s (0.3 + 0.03 V) m/s（基准站）		
降水	雨强 0~4 mm/min	0.1 mm	0.4 mm（≤10 mm） 4%（>10 mm）	累计	1 次/min
日照	0~24 h	60 s	0.1 h	累计	
蒸发	0~100 mm	0.1 mm	1.5%	累计	
地温	−50 ~ +80℃	0.1℃	0.5℃ 0.3℃（基准站）	1 min	6 次/min
总辐射	0~2000 W/m²	1 W/m²	5%	1 min	6 次/min
净全辐射	−200~1400 W/m²	1 W/m²	15%~20%	1 min	6 次/min
直接辐射	0~2000 W/m²	1 W/m²	2%	1 min	6 次/min

注：其他地面气象观测仪器的基本技术性能要求，参见附录 1。

3.2.1 准确度

准确度表示测量结果与被测量真值的一致程度。

3.2.2 测量范围

在保证主要技术性能情况下，仪器能测量的被测量的量值范围。

3.2.3 分辨力

仪器测量时能给出的被测量量值的最小间隔。

3.2.4 响应时间(滞后系数)

被测量值阶跃变化后,仪器测量值达到最终稳定值的不同百分比所需要的时间。其中达到63.2%所需的时间称为仪器的时间常数。

3.2.5 平均时间

求被测量平均值的固定时间段。

3.2.6 采样速率

自动观测时获取被测量数据的时间间隔。

3.3 维护和检验

(1)地面气象观测仪器应按规定进行校验和检定,气象台站不得使用未经检定、超过检定周期或检定不合格的仪器设备。

(2)地面气象观测仪器应经常维护和定期检修,保证在规定的检定周期内仪器保持规定的准确度要求。

3.4 换用不同技术特性仪器的平行观测要求

当人工观测改为自动观测或换用不同技术特性的仪器进行观测时,为了了解取得的资料序列的差异,必须进行平行观测。

(1)平行观测项目为更换观测仪器的观测项目。

(2)当人工观测改为自动观测时,平行观测期限至少为2年。第一年以人工观测记录(采用原观测仪器观测)为正式观测记录,1年后以自动观测记录(采用新观测仪器观测)为正式观测记录。

(3)当换用不同技术特性的仪器时,平行观测期限可视换用仪器的技术性能变化情况而定,但至少不得少于3个月。

(4)平行观测时次为02、08、14、20时4个时次,非昼夜守班的地面气象观测站,02时可不平行观测。

(5)平行观测记录应统计整理成月报表附在当月正式月报表后面,存档上报。

第二编 气象要素的观测

第4章 云

4.1 概述

云是悬浮在大气中的小水滴、过冷水滴、冰晶或它们的混合物组成的可见聚合体;有时也包含一些较大的雨滴、冰粒和雪晶。其底部不接触地面。

云的观测主要包括:判定云状、估计云量、测定云高和选定云码。云的观测应尽量选择在能看到全部天空及地平线的开阔地点或平台进行,应注意它的连续演变。观测时,如阳光较强,须戴黑色(或暗色)眼镜。

4.2 云状

4.2.1 云状分类

按云的外形特征、结构特点和云底高度,将云分为三族,十属,二十九类(见表4.1)。

表4.1 云状分类表

云族	云属		云类	
	学名	简写	学名	简写
低云	积云	Cu	淡积云 碎积云 浓积云	Cu hum Fc Cu cong
	积雨云	Cb	秃积雨云 鬃积雨云	Cb calv Cb cap
	层积云	Sc	透光层积云 蔽光层积云 积云性层积云 堡状层积云 荚状层积云	Sc tra Sc op Sc cug Sc cast Sc lent
	层云	St	层云 碎层云	St Fs
	雨层云	Ns	雨层云 碎雨云	Ns Fn
中云	高层云	As	透光高层云 蔽光高层云	As tra As op
	高积云	Ac	透光高积云 蔽光高积云 荚状高积云 积云性高积云 絮状高积云 堡状高积云	Ac tra Ac op Ac lent Ac cug Ac flo Ac cast
高云	卷云	Ci	毛卷云 密卷云 伪卷云 钩卷云	Ci fil Ci dens Ci not Ci unc
	卷层云	Cs	毛卷层云 薄幕卷层云	Cs fil Cs nebu
	卷积云	Cc	卷积云	Cc

4.2.2 云状特征

（1）积云（Cu）——垂直向上发展的、顶部呈圆弧形或圆弧形重叠凸起，而底部几乎是水平的云块。云体边界分明。

如果积云和太阳处在相反的位置上，云的中部比隆起的边缘要明亮；反之，如果处在同一侧，云的中部显得黝黑但边缘带着鲜明的金黄色；如果光从旁边照映着积云，云体明暗就特别明显。

积云是由气块上升、水汽凝结而成。

①淡积云（Cu hum）——扁平的积云，垂直发展不盛，水平宽度大于垂直厚度。在阳光下呈白色，厚的云块中部有淡影，晴天常见。

②碎积云（Fc）——破碎的不规则的积云块（片），个体不大，形状多变。

③浓积云（Cu cong）——浓厚的积云，顶部呈重叠的圆弧形凸起，很像花椰菜；垂直发展旺盛时，个体臃肿、高耸，在阳光下边缘白而明亮。有时可产生阵性降水。

（2）积雨云（Cb）——云体浓厚庞大，垂直发展极盛，远看很像耸立的高山。云顶由冰晶组成，有白色毛丝般光泽的丝缕结构，常呈铁砧状或马鬃状。云底阴暗混乱，起伏明显，有时呈悬球状结构。

积雨云常产生雷暴、阵雨（雪），或有雨（雪）幡下垂。有时产生飑或降冰雹。云底偶有龙卷产生。

①秃积雨云（Cb calv）——浓积云发展到鬃积雨云的过渡阶段，花椰菜形的轮廓渐渐变得模糊，顶部开始冻结，形成白色毛丝般的冰晶结构。

秃积雨云存在的时间一般比较短。

②鬃积雨云（Cb cap）——积雨云发展的成熟阶段，云顶有明显的白色毛丝般的冰晶结构，多呈马鬃状或砧状。

（3）层积云（Sc）——团块、薄片或条形云组成的云群或云层，常成行、成群或波状排列。云块个体都相当大，其视宽度角多数大于5°（相当于一臂距离处三指的视宽度）。云层有时满布全天，有时分布稀疏，常呈灰色、灰白色，常有若干部分比较阴暗。

层积云有时可降雨、雪，通常量较小。

层积云除直接生成外，也可由高积云、层云、雨层云演变而来，或由积云、积雨云扩展或平衍而成。

①透光层积云（Sc tra）——云层厚度变化很大，云块之间有明显的缝隙；即使无缝隙，大部分云块边缘也比较明亮。

②蔽光层积云（Sc op）——阴暗的大条形云轴或团块组成的连续云层，无缝隙，云层底部有明显的起伏。有时不一定满布全天。

③积云性层积云（Sc cug）——由积云、积雨云因上面有稳定气层而扩展或云顶下塌平衍而成的层积云。多呈灰色条状，顶部常有积云特征。

在傍晚，积云性层积云有时也可以不经过积云阶段直接形成。

④堡状层积云（Sc cast）——垂直发展的积云形的云块，并列在一线上，有一个共同的底边，顶部凸起明显，远处看去好像城堡。

⑤荚状层积云（Sc lent）——中间厚、边缘薄，形似豆荚、梭子状的云条。个体分明，分离散处。

（4）层云（St）——低而均匀的云层，像雾，但不接地，呈灰色或灰白色。

层云除直接生成外，也可由雾层缓慢抬升或由层积云演变而来。可降毛毛雨或米雪。

碎层云（Fs）——不规则的松散碎片，形状多变，呈灰色或灰白色。由层云分裂或由雾抬升而成。山地的碎层云早晚也可直接生成。

（5）雨层云（Ns）——厚而均匀的降水云层，完全遮蔽日月，呈暗灰色，布满全天，常有连续性降水。如因降水不及地在云底形成雨（雪）幡时，云底显得混乱，没有明确的界限。

雨层云多数由高层云变成，有时也可由蔽光高积云、蔽光层积云演变而成。

碎雨云（Fn）——低而破碎的云，灰色或暗灰色。不断滋生，形状多变，移动快。最初是各自孤立分离的，后来可渐并合。常出现在降水时或降水前后的降水云层之下。

(6)高层云(As)——带有条纹或纤缕结构的云幕,有时较均匀,颜色灰白或灰色,有时微带蓝色。云层较薄部分,可以看到昏暗不清的日月轮廓,看去好像隔了一层毛玻璃。厚的高层云,则底部比较阴暗,看不到日月。由于云层厚度不一,各部分明暗程度也就不同,但是云底没有显著的起伏。

高层云可降连续或间歇性的雨、雪。若有少数雨(雪)幡下垂时,云底的条纹结构仍可分辨。

高层云常由卷层云变厚或雨层云变薄而成。有时也可由蔽光高积云演变而成。在我国南方有时积雨云上部或中部延展,也能形成高层云,但持续时间不长。

①透光高层云(As tra)——较薄而均匀的云层,呈灰白色。透过云层,日月轮廓模糊,好像隔了一层毛玻璃,地面物体没有影子。

②蔽光高层云(As op)——云层较厚,且厚度变化较大。厚的部分隔着云层看不见日月;薄的部分比较明亮一些,还可以看出纤缕结构。呈灰色,有时微带蓝色。

(7)高积云(Ac)——高积云的云块较小,轮廓分明,常呈扁圆形、瓦块状、鱼鳞片,或是水波状的密集云条。成群、成行、成波状排列。大多数云块的视宽度角在1°~5°。有时可出现在两个或几个高度上。薄的云块呈白色,厚的云块呈暗灰色。在薄的高积云上,常有环绕日月的虹彩,或颜色为外红内蓝的华环。

高积云都可与高层云、层积云、卷积云相互演变。

①透光高积云(Ac tra)——云块的颜色从洁白到深灰都有,厚度变化也大,就是同一云层,各部分也可能有些差别。云层中个体明显,一般排列相当规则,但是各部分透明度是不同的。云缝中可见青天,即使没有云缝,云层薄的部分,也比较明亮。

②蔽光高积云(Ac op)——连续的高积云层,至少大部分云层都没有什么间隙,云块深暗而不规则。因为云层的厚度厚,个体密集,几乎完全不透光,但是云底云块个体依然可以分辨得出。

③荚状高积云(Ac lent)——高积云分散在天空,成椭圆形或豆荚状,轮廓分明,云块不断地变化着。

④积云性高积云(Ac cug)——这种高积云由积雨云、浓积云延展而成。在初生成的阶段,类似蔽光高积云。

⑤絮状高积云(Ac flo)——类似小块积云的团簇,没有底边,个体破碎如棉絮团,多呈白色。

⑥堡状高积云(Ac cast)——垂直发展的积云形的云块,远看并列在一线上,有一共同的水平的底边,顶部凸起明显,好像城堡。云块比堡状层积云小。

(8)卷云(Ci)——具有丝缕状结构,柔丝般光泽,分离散乱的云。云体通常白色无暗影,呈丝条状、羽毛状、马尾状、钩状、团簇状、片状、砧状等。

卷云见晕的机会比较少,即使出现,晕也不完整。我国北方和西部高原地区,冬季卷云有时会下零星的雪。

日出之前,日落以后,在阳光反射下,卷云常呈鲜明的黄色或橙色。

我国北方和西部高原地区严寒季节,有时会遇见一种高度不高的云,外形似层积云,但却具有丝缕结构、柔丝般光泽的特征,有时还有晕,此应记为卷云。如无卷云特征,则应记为层积云。

①毛卷云(Ci fil)——纤细分散的云,呈丝条、羽毛、马尾状。有时即使聚合成较长并具一定宽度的丝条,但整个丝缕结构和柔丝般的光泽仍十分明显。

②密卷云(Ci dens)——较厚的、成片的卷云,中部有时有暗影,但边缘部分卷云的特征仍很明显。

③伪卷云(Ci not)——由鬃积雨云顶部脱离母体而成。云体较大而厚密,有时似砧状。

④钩卷云(Ci unc)——形状好像逗点符号,云丝向上的一头有小簇或小钩。

(9)卷层云(Cs)——白色透明的云幕,日、月透过云幕时轮廓分明,地物有影,常有晕环。有时云的组织薄得几乎看不出来,只使天空呈乳白色;有时丝缕结构隐约可辨,好像乱丝一般。我国北方和西部高原地区,冬季卷层云可以有少量降雪。

厚的卷层云易与薄的高层云相混。如日月轮廓分明,地物有影或有晕,或有丝缕结构为卷层云;如只辨日、月位置,地物无影,也无晕,为高层云。

①毛卷层云(Cs fil)——白色丝缕结构明显,云体厚薄不很均匀的卷层云。

②薄幕卷层云(Cs nebu)——均匀的云幕,有时薄得几乎看不见,只因有晕,才证明其存在;云幕较厚时,也看不出什么明显的结构,只是日月轮廓仍清楚可见,有晕,地物有影。

(10)卷积云(Cc)——似鳞片或球状细小云块组成的云片或云层,常排列成行或成群,很像轻风吹过水面所引起的小波纹。白色无暗影,有柔丝般光泽。

卷积云可由卷云、卷层云演变而成。有时高积云也可演变为卷积云。

整层高积云的边缘,有时有小的高积云块,形态和卷积云颇相似,但不要误认为卷积云。只有符合下列条件中的一个或以上的,才能算做卷积云。

①和卷云或卷层云之间有明显的联系。

②从卷云或卷层云演变而成。

③确有卷云的柔丝光泽和丝缕状特点。

4.2.3 云状的判定与记录

云状的判定,主要根据天空中云的外形特征、结构、色泽、排列、高度以及伴见的天气现象,参照"云图",经过认真细致的分析对比判定是哪种云。判定云状要特别注意云的连续演变过程。

云状记录按"云状分类表"中二十九类云的简写字母记载。多种云状出现时,云量多的云状记在前面;云量相同时,记录先后次序自定;无云时,云状栏空白。

4.3 云量

云量是指云遮蔽天空视野的成数。估计云量的地点应尽可能见到全部天空,当天空部分为障碍物(如山、房屋等)所遮蔽时,云量应从未被遮蔽的天空部分中估计;如果一部分天空为降水所遮蔽,这部分天空应作为被产生降水的云所遮蔽来看待。

云量观测包括总云量、低云量。总云量是指观测时天空被所有的云遮蔽的总成数,低云量是指天空被低云族的云所遮蔽的成数,均记整数。

4.3.1 总云量的记录

全天无云,总云量记0;天空完全为云所遮蔽,记10;天空完全为云所遮蔽,但只要从云隙中可见青天,则记10^-;云占全天十分之一,总云量记1;云占全天十分之二,总云量记2,其余依次类推。

天空有少许云,其量不到天空的十分之零点五时,总云量记0。

4.3.2 低云量的记录

低云量的记录方法,与总云量同。

4.4 云高

云高指云底距测站的垂直距离,以米(m)为单位,记录取整数,并在云高数值前加记云状,云状只记十个云属和Fc、Fs、Fn三个云类。有条件的测站云高应尽量实测;无条件实测时,只在发报观测时进行估测。实测云高在数值右上角记"S",估测云高不记任何符号。

4.4.1 实测云高

(1)云幕球测云高

云幕球测定云高,是用已知升速的氢气球,观测其从施放到进入云底的时间,乘以气球升速(m/min)求得:

$$云底高度 = 气球升速 \times (分钟数 + \frac{秒数}{60}) \tag{4.1}$$

气球入云时间是指气球开始模糊时间,而不是气球消失时间。

(2)激光测云仪测云高

仪器由发射望远镜、接收望远镜和电子门组成。当激光通过发射望远镜发射激光的同时由参考脉冲使电子门打开,于是计数电路就对时标脉冲计数。激光脉冲遇到云层被云滴散射,其中后向散射部分被接收望远镜接收后,通过光电转换系统指令电子门关闭,计数停止。计数电路记下从电子门开放到关闭的时间间隔,即为激光在测云仪和被测目标物之间往返一次所经过的时间。因此仪器和被测目标之间的斜距 S 为

$$S = \frac{1}{2}Ct \tag{4.2}$$

式中 C 为光速,t 为时间。

由测云仪的仰角读数 α,即可求得云底高度 H

$$H = S \cdot \sin\alpha \tag{4.3}$$

通常从显示器中直接读出斜距 S 与云高 H。

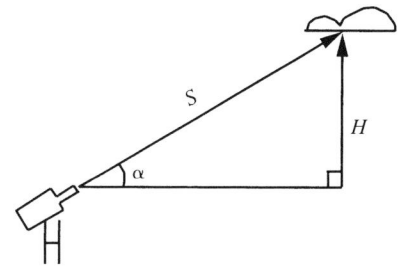

图 4.1　激光测云高原理

(3) 云幕灯测云高

夜间利用云幕灯强光源发出的灯光垂直照射云底,形成一个明显的光点,在云幕灯已知水平距离 L 的观测点,用仰角器测出光点的仰角 α 即可求出云高 H

$$H = L \cdot \mathrm{tg}\alpha \tag{4.4}$$

4.4.2　估测云高

(1) 目测云高:根据云状来估测云高,首先必须正确判定云状,同时可根据云体结构,云块大小、亮度、颜色、移动速度等情况,结合本地常见的云高范围(见表 4.2)进行估测。

根据观测经验,目力估测云高有较大误差。所以有条件的气象站,应经常对比目测云高与实测结果,总结和积累经验,提高目测水平。

表 4.2　各云属常见云底高度范围表

云属	常见云底高度范围(m)	说明
积云	600~2000	沿海及潮湿地区,或雨后初晴的潮湿地带,云底较低,有时在 600 m 以下;沙漠和干燥地区,有时高达 3000 m 左右
积雨云	600~2000	一般与积云云底相同,有时由于有降水,云底比积云低
层积云	600~2500	当低层水汽充沛时,云底高可在 600 m 以下。个别地区有时高达 3500 m 左右
层云	50~800	与低层湿度密切相关,湿度大时云底较低;低层湿度小时,云底较高
雨层云	600~2000	刚由高层云变来的雨层云,云底一般较高
高层云	2500~4500	刚由卷层云变来的高层云,有时可高达 6000 m 左右
高积云	2500~4500	夏季,在我国南方,有时可高达 8000 m 左右
卷云	4500~10000	夏季,在我国南方,有时高达 17000 m;冬季在我国北方和西部高原地区可低至 2000 m 以下
卷层云	4500~8000	冬季在我国北方和西部高原地区,有时可低至 2000 m 以下
卷积云	4500~8000	有时与卷云高度相同

(2)利用已知目标物高度估测云高:当测站附近有山、高的建筑物、塔架等高大目标物时,可以利用这些物体的高度估测云高。首先应了解或测定目标物顶部和其他明显部位的高度,当云底接触目标物或掩蔽其一部分时,可根据已知高度估测云高。

(3)积云、积雨云云高可利用下列经验公式估算:

$$H = \frac{t - t_d}{\gamma_d - \gamma_z} \approx 124(t - t_d) \tag{4.5}$$

式中 H 为云高(m),t 为气温(℃),t_d 为露点温度(℃),γ_d 为干空气的绝热直减率,近似于 0.98℃/100 m,γ_z 为露点温度在干绝热阶段的直减率,近似于 0.17℃/100 m。

4.5 夜间及特殊情况下云的观测和记录

4.5.1 夜间云的观测和记录

傍晚时,应注意云的状况和演变趋势,为夜间观测打下基础。

观测前应先到黑暗处停留一段时间,待眼睛适应环境后再进行观测。

观测时,可根据视觉,结合星光的疏密、清晰程度,云体的颜色、移动速度以及伴见的天气现象和实测云高,参照傍晚时云的状况判别云状,估计云量。

4.5.2 天空状况不明时云状、云量的记录

(1)因雪暴、雾使天空的云量、云状无法辨明时,总、低云量记10,云状栏记该现象符号。因吹雪、雾、轻雾使天空的云量、云状不能完全辨明时,总、低云量记10,云状栏记该现象符号和可见的云状。虽有吹雪、雾、轻雾现象,但天空的云量、云状可完全辨明时,则按正常情况记录。

(2)因烟幕、霾、浮尘、沙尘暴、扬沙等视程障碍现象使天空云量、云状全部或部分不明时,总、低云量记"—",云状栏记该现象符号或同时记录可辨明部分的云状;若透过这些天气现象能完全辨明云量、云状时,则按正常情况记录。

几种特殊情况下云量、云状的记法举例,见表4.3。

4.5.3 高山站云的观测和记录

(1)当云底高度高于测站时,按正常情况观测记录。

(2)观测时遇有云顶低于测站的云,应在观测簿纪要栏尽可能记录其云状、云量及利用已知高度的物体确定其云顶距离测站水平线下高度。此时应对这些云的上部表面加以简单描述,如表面是平的还是波状的,有无耸立的积状云自云层上部表面凸起等。在估计云顶低于测站的云量时,成层的云层为山所刺穿的部分,也应当作为云所遮掩来考虑。在记录云顶低于测站的高度时,应在记录前加"—"号。

(3)观测时遇到云底低于测站,而云顶高于测站的云,应在观测簿纪要栏记录其云状、云量,云底高度记 <0。

云笼罩测站时,按雾记录,若云雾移出测站时,应按云记录。

表 4.3 几种特殊情况下云量、云状的记法举例

观测时天空实况	有雾,整个天空可辨,有4成 Ac tra	有雾,天顶或部分天空可辨,可见 Ac tra	有雪暴天空不明	有沙尘暴,天空不明	有浮尘,整个天空可辨,无云	总云量为10,无缝隙。下层布满Sc cug 从云隙中可见上层有Ac,但类别不能确定	总云量为10,无缝隙。下层布满Sc tra,从云隙中可见上层有云,云状无法判定
总云量/低云量	4/0	10/10	10/10	—/—	0/0	10/10⁻	10/10⁻
云状	Ac tra	≡ Ac tra	⇹	⇞		Sc cug Ac	Sc tra —

第5章 能见度

5.1 概述

能见度用气象光学视程表示。气象光学视程是指白炽灯发出色温为 2700 K 的平行光束的光通量，在大气中削弱至初始值的 5% 所通过的路径长度。

白天能见度是指视力正常（对比感阈为 0.05）的人，在当时天气条件下，能够从天空背景中看到和辨认的目标物（黑色、大小适度）的最大水平距离。实际上也是气象光学视程。

夜间能见度是指：

(1) 假定总体照明增加到正常白天水平，适当大小的黑色目标物能被看到和辨认出的最大水平距离。

(2) 中等强度的发光体能被看到和识别的最大水平距离。

所谓"能见"，在白天是指能看到和辨认出目标物的轮廓和形体；在夜间是指能清楚看到目标灯的发光点。凡是看不清目标物的轮廓，认不清其形体，或者所见目标灯的发光点模糊，灯光散乱，都不能算"能见"。

人工观测能见度，一般指有效水平能见度。有效水平能见度是指四周视野中二分之一以上的范围能看到的目标物的最大水平距离。

能见度观测仪测定的是一定基线范围内的能见度。

能见度观测记录以千米（km）为单位，取一位小数，第二位小数舍去，不足 0.1 km 记 0.0。

5.2 白天能见度的观测

5.2.1 白天目标物的选择与测绘

(1) 目标物的选择

在气象站四周不同方向、不同距离上选择若干固定能见度目标物。

①目标物的颜色应当越深越好，而且亮度要一年四季不变或少变的。浅色、反光强的物体不适宜选为目标物。

②目标物应尽可能以天空为背景，若以其他物体（如山、森林等）为背景时，则要求目标物在背景的衬托下，轮廓清晰，且与背景的距离尽可能远一些。

③目标物大小要适度。近的目标物可以小一些，远的目标物则应适当大一些。目标物的大小以视角表示（视角 = $\sqrt{\text{高度角} \times \text{宽度角}}$），目标物的视角以 $0.5°\sim5.0°$ 之间为宜。

④由于气象站观测的是水平能见度，因此目标物的仰角不宜超过 6°。

在沙漠、草原或其他地物稀少的地区，可采用人工设置目标物，并视其清晰程度来判定能见度。人工设置的目标物，一般多用来估计 1 km 以内的能见度，物体大小要适度，材料因地制宜（木板、土墙、水泥预制件等），向着观测点的一面应涂成黑色。

(2) 目标物分布图的测绘

目标物选定后，要测定观测点与目标物的距离和目标物所在的方位。目标物的距离和方位可用仪器实测或从大比例尺的地图上量取。

目标物的距离、方位测定后，应按表 5.1 的格式进行登记（作为气象站档案妥善保存），并绘制能见度目标物分布图。

绘图方法：一般是先在纸上画九个同心圆。圆心代表观测点，自近而远地每圈分别代表 0.1，0.2，0.5，1.0，2.0，5.0，10.0，20.0，50.0 km 的距离。然后把所有的目标物（以其简略图形或编号）按其所在方位、距离，分别标在相应的位置上（见图 5.1）。近距离的目标物也可单独绘制，以使图面更为清晰。

表 5.1　××气象站　　能见度目标物（灯）登记表

编号	各称	方位(°)	视角(°)	特征或灯光颜色瓦数	距离(km)			测距方法	测定时间	备注
					灯光	能见度	目标物			
1	电杆	45	–	青灰色			0.1	卷尺	1959.4	
2	古塔	245	2.0	深灰色			4.2	平板仪	1959.4	高 50
3	铁桥	75	3.2	深灰色			9.6	经纬仪	1959.4	
4	远山	10	4.0	深灰色			58.0	大比例尺地图法	1959.5	冬天有积雪
⋮	⋮	⋮	⋮	⋮	⋮	⋮	⋮	⋮	⋮	⋮
1	路灯	260		白 75	1000	0.5		卷尺	1960.1	
2	礼堂门灯	50		白 60	1500	1.0		经纬仪	1960.1	不经常开
3	巷灯	165		白 25	3500	6.4		经纬仪	1960.1	
⋮	⋮	⋮	⋮	⋮	⋮	⋮	⋮	⋮	⋮	⋮

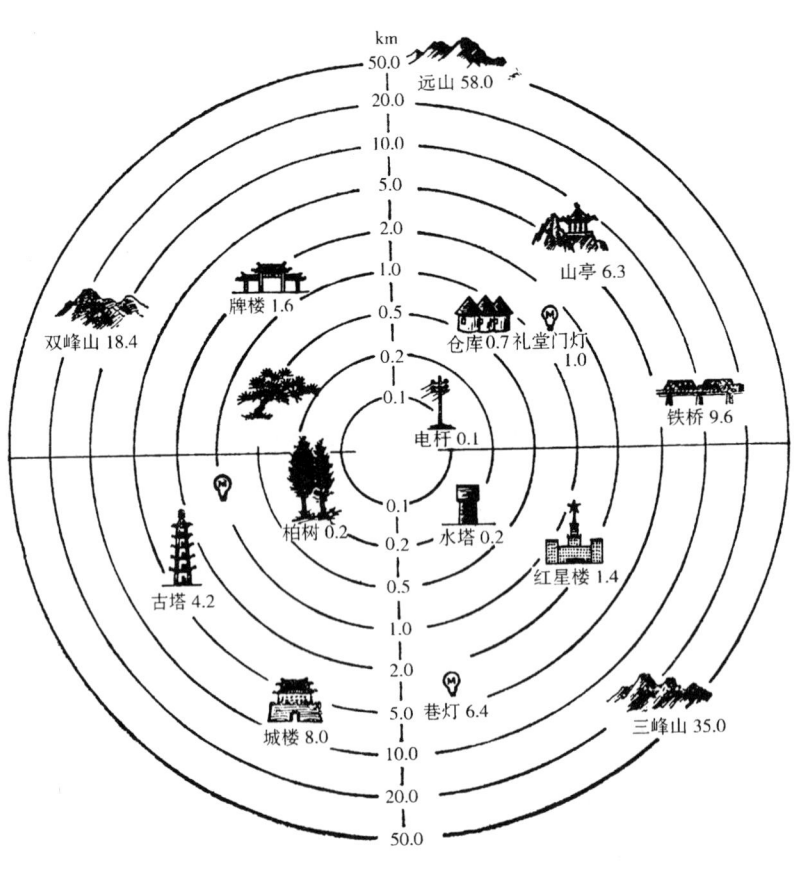

图 5.1　能见度目标物分布图

当选定的目标物情况有改变,或被其他物体遮蔽而不能继续观测时,应另选目标物代替,并将有关情况记入能见度目标物(灯)登记表的备注栏。

5.2.2 观测

观测能见度必须选择在视野开阔,能看到所有目标物的固定地点作为能见度的观测点。

观测四周事先测定的各目标物,根据"能见"的最远目标物和"不能见"的最近目标物,从而判定当时的能见距离。如某一目标物轮廓清晰,但没有更远的或看不到更远的目标物时,可参考下述几点酌情判定:

(1)目标物的颜色、细微部分(如村庄的单个树木、远处房屋的门窗等)清晰可辨时,能见度通常可定为该目标物距离的5倍以上;

(2)目标物的颜色、细微部分隐约可辨时,能见度可定为该目标物距离的2.5~5倍;

(3)目标物的颜色、细微部分很难分辨时,能见度可定为大于该目标物的距离,但不应超过2.5倍。

运用以上几点时,应考虑到目标物的大小,背景颜色,以及当时的光照等情况。

靠近海(湖)岸的站或海岛站,其朝向海(湖)方向的能见度,还可根据水天分界线的清晰程度,参照表5.2来判定。

表 5.2 海面能见度参照表

水天分界线清晰程度	能见度(km)	
	眼高出海面≤7 m 时	眼高出海面>7 m 时
十分清楚	≥50.0	
清楚	20.0~<50.0	≥50.0
勉强可以看清	10.0~<20.0	20.0~<50.0
隐约可辨	4.0~<10.0	10.0~<20.0
完全看不清	<4.0	<10.0

5.3 夜间能见度的观测

5.3.1 灯光目标物的选择

有条件的地方,均应在各个方向选择一些固定的目标灯或专门设置的目标灯作为观测能见度的依据。但应注意:

(1)应选择孤立的点光源作为目标灯,不宜选择成群、成带、重叠的灯光;

(2)目标灯的灯光强度应固定不变;

(3)应是不带颜色、没有灯罩的白色光源(除白炽灯外,碘钨灯、汞灯等均不适宜);

(4)应位于开阔地带,不受地方性烟雾的影响。

选择和专设目标灯后,应测定目标灯至观测点的距离,了解其功率,再按表5.3查出其相当的白天能见距离,制成登记表,并绘制成灯光目标物图,作为观测的依据。

表 5.3 灯光能见距离与白天能见距离的关系

白天能见距离(km)	在白天能见距离上应设的灯光强度(cd)*			相应白天能见距离 100 cd 光源应设距离(m)		
	A	B	C	A	B	C
0.1	0.2	0.04	0.006	250	290	345
0.2	0.8	0.16	0.025	420	500	605
0.5	5	1	0.16	830	1030	1270
1.0	20	4	0.63	1340	1720	2170
2.0	80	16	2.5	2090	2780	3650
5.0	500	100	16	3500	5000	6970
10.0	2000	400	63	4850	7400	10900
20.0	8000	1600	255	6260	10300	16400
50.0	50000	10000	1580	7900	14500	25900

* 一个普通100 W白炽灯发出的光强大约为100 cd(坎德拉)。

表中 A、B、C 分别代表不同条件下,对于视力正常的观测员,目测感受的灯光照度的阈值 E_t,可取下值:

A 类,黄昏和凌晨时分 $\qquad E_t = 10^{-6}$ Lx

B 类,月夜 $\qquad E_t = 10^{-6.7}$ Lx

C 类,黑夜 $\qquad E_t = 10^{-7.5}$ Lx

其中 Lx 为照度单位。

5.3.2 观测

夜间观测能见度时,观测员应先在黑暗处停留 5~15 分钟,待眼睛适应环境后进行观测,根据最远目标灯能见与否确定能见距离。

在无条件利用目标灯进行观测的情况下,只能根据天黑前能见度的实况和变化趋势,结合观测时天气现象、湿度、风等气象要素的变化情况,以及实践经验加以判定。

月光较明亮时,可根据目标物的能见与否来判定能见度。由于光照条件差,不可能像白天那样清楚地看清目标物的形体、轮廓,因而只要能隐约地分辨出比较高大的目标物的轮廓,该目标物距离就可定为能见距离;如能清楚分辨时,能见距离可定为大于该目标物的距离。

5.4 能见度观测仪

5.4.1 透射能见度仪

透射能见度仪采用测量发射器和接收器之间水平空气柱的平均消光(透射)系数而算出能见度。发射器提供一个经过调制的定常平均功率的光通量源,接收器主要由一个光检测器组成。由光检测器输出测定透射系数,再据此计算消光系数和气象光学视程。

透射能见度仪测定气象光学视程是根据准直光束的散射和吸收导致光的损失的原理,所以它与气象光学视程的定义密切相关,观测的能见距离与能见度很一致。

发射器和接收器之间光束传递距离称为基线,可从几米到 150 m。它取决于气象光学视程值的范围与测量结果应用情况。

5.4.2 散射能见度仪

散射能见度仪是测量散射系数从而估算出气象光学视程的仪器。

图 5.2 为一个前向散射能见度仪,由发送器、接收器与处理器组成。发射器发出近红外光脉冲,接收器测量的是与发射光束成 33°角的散射光束,然后由处理器计算出气象光学视程。

散射能见度仪的基线长度很短,发射光源与接收器安在同一支架上,避免基线难以对准的缺陷。

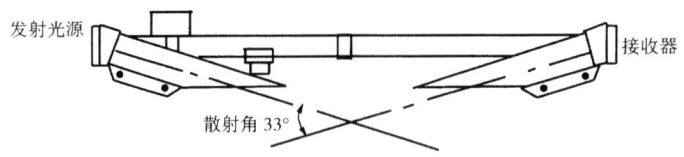

图 5.2 散射能见度仪工作示意图

5.4.3 仪器的安装与使用

两种能见度观测仪安装要避开常出现地方性烟雾的地方,周围不要有高大的障碍物。发射器和接收器都不能朝着强光源(如太阳光)或强的反射面(如积雪)等,但也可采取屏蔽或挡板达到这种要求。安装高度为 1.5 m 左右,仪器底座要十分牢固。透射能见度仪基线要测准,并对准光轴。电源和通信电缆要可靠。

平时要注意维护发射器和接收器镜面清洁,如有降水、凝结物或灰尘附着,应及时清除。两种仪器均应定期校准,才能保证测量气象光学视程的准确度。

两种能见度观测仪均能自动采样,取平均值输出能见度连续变化。

第6章 天气现象

6.1 概述

天气现象是指发生在大气中、地面上的一些物理现象。它包括降水现象、地面凝结现象、视程障碍现象、雷电现象和其他现象等,这些现象都是在一定的天气条件下产生的。

天气现象必须随时进行观测和记录。对某些天气现象所造成的灾害,还应及时进行调查记载。

6.2 天气现象的特征和符号

6.2.1 降水现象

(1)雨●——滴状的液态降水,下降时清楚可见,强度变化较缓慢,落在水面上会激起波纹和水花,落在干地上可留下湿斑。

(2)阵雨▽——开始和停止都较突然、强度变化大的液态降水,有时伴有雷暴。

(3)毛毛雨 ,——稠密、细小而十分均匀的液态降水,下降情况不易分辨,看上去似乎随空气微弱的运动飘浮在空中,徐徐落下。迎面有潮湿感,落在水面无波纹,落在干地上只是均匀地润湿,地面无湿斑。

(4)雪✳——固态降水,大多是白色不透明的六出分枝的星状、六角形片状结晶,常缓缓飘落,强度变化较缓慢。温度较高时多成团降落。

(5)阵雪⛇——开始和停止都较突然、强度变化大的降雪。

(6)雨夹雪✳——半融化的雪(湿雪),或雨和雪同时下降。

(7)阵性雨夹雪⛇——开始和停止都较突然、强度变化大的雨夹雪。

(8)霰✕——白色不透明的圆锥形或球形的颗粒固态降水,直径约2~5 mm,下降时常呈阵性,着硬地常反跳,松脆易碎。

(9)米雪△——白色不透明的比较扁、长的小颗粒固态降水,直径常小于1 mm,着硬地不反跳。

(10)冰粒△——透明的丸状或不规则的固态降水,较硬,着硬地一般反跳。直径小于5 mm。有时内部还有未冻结的水,如被碰碎,则仅剩下破碎的冰壳。

(11)冰雹△——坚硬的球状、锥状或形状不规则的固态降水,雹核一般不透明,外面包有透明的冰层,或由透明的冰层与不透明的冰层相间组成。大小差异大,大的直径可达数十毫米。常伴随雷暴出现。

降水现象的特征和区别见表6.1。

6.2.2 地面凝结现象

(1)露⌒——水汽在地面及近地面物体上凝结而成的水珠(霜融化成的水珠,不记露)。

(2)霜⊔——水汽在地面和近地面物体上凝华而成的白色松脆的冰晶;或由露冻结而成的冰珠。易在晴朗风小的夜间生成。

(3)雨凇∽——过冷却液态降水碰到地面物体后直接冻结而成的坚硬冰层,呈透明或毛玻璃状,外表光滑或略有隆突。

(4)雾凇∨——空气中水汽直接凝华,或过冷却雾滴直接冻结在物体上的乳白色冰晶物,常呈毛茸茸的针状或表面起伏不平的粒状,多附在细长的物体或物体的迎风面上,有时结构较松脆,受震易塌落。

地面凝结现象的特征和区别见表6.2。

表6.1 降水现象的特征和区别

天气现象	符号	直径(mm)	外形特征及着地特征	下降情况	一般降自云层	天气条件
雨	●	≥0.5	干地面有湿斑,水面起波纹	雨滴可辨,下降如线,强度变化较缓	Ns,As,Sc,Ac	气层较稳定
阵雨	▽	>0.5	同上,但雨滴往往较大	骤降骤停,强度变化大,有时伴有雷暴	Cb,Cu,Sc	气层不稳定
毛毛雨	,	<0.5	干地面无湿斑,慢慢均匀湿润,水面无波纹	稠密飘浮,雨滴难辨	≡,St	气层稳定
雪	✳	大小不一	白色不透明六角或片状结晶,固体降水	飘落,强度变化较缓	Ns,Sc,As,Ac,Ci	气层稳定
阵雪	⛇	同上	同上	飘落,强度变化较大,开始和停止都较突然	Cb,Cu,Sc	气层较不稳定
雨夹雪	✴	同上	半融化的雪(湿雪)或雨和雪同时下降	同雨	Ns,Sc,As,Ac	气层稳定
阵性雨夹雪	⛆	同上	同上	强度变化大,开始和停止都较突然	Cb,Cu,Sc	气层较不稳定
霰	⨯	2~5	白色不透明的圆锥或球形颗粒,固态降水,着硬地常反跳,松脆易碎	常呈阵性	Cb,Sc	气层较不稳定
米雪	△	<1	白色不透明,扁长小颗粒,固态降水,着地不反跳	均匀、缓慢、稀疏	≡,St	气层稳定
冰粒	△	1~5	透明丸状或不规则固态降水,有时内部还有未冻结的水,着地常反跳,有时打碎只剩冰壳	常呈间歇性,有时与雨伴见	Ns,As,Sc	气层较稳定
冰雹	△	2~数十	坚硬的球状、锥状或不规则的固态降水,内核常不透明,外包透明冰层或层层相间,大的着地反跳,坚硬不易碎	阵性明显	Cb	气层不稳定(常出现在夏、春、秋季)

表6.2 地面凝结现象的特征和区别

天气现象	符号	外形特征及凝结特征	成因	天气条件	容易附着的物体部位
露	⌓	水珠(不包括霜融化成的)	水汽冷却凝结而成	晴朗少风湿度大的夜间地表温度0℃以上	地面及近地面物体
霜	⎵	白色松脆的冰晶或冰珠	水汽直接凝华而成或由露冻结而成	晴朗微风湿度大的夜间,地面温度在0℃以下	同上
雾凇	V	乳白色的冰晶层或粒状冰层,较松脆,常呈毛茸茸针状或起伏不平的粒状	过冷却雾滴在物体迎风面冻结或严寒时空气中水汽凝华而成	气温较低(-3℃以下),有雾或湿度大时	物体的突出部分和迎风面上
雨凇	∽	透明或毛玻璃状的冰层,坚硬光滑或略有隆突	过冷雨滴或毛毛雨滴在物体(低于0℃)上冻结而成	气温稍低,有雨或毛毛雨下降时	水平面、垂直面上均可形成,但水平面和迎风面上增长快

6.2.3 视程障碍现象

（1）雾 ≡ ——大量微小水滴浮游空中，常呈乳白色，使水平能见度小于 1.0 km。高纬度地区出现冰晶雾也记为雾，并加记冰针。根据能见度雾分为三个等级：

雾　　能见度 0.5 km～小于 1.0 km

浓雾　　能见度 0.05 km～小于 0.5 km

强浓雾　　能见度小于 0.05 km

（2）轻雾 ═ ——微小水滴或已湿的吸湿性质粒所构成的灰白色的稀薄雾幕，使水平能见度大于等于 1.0 km～小于 10.0 km。

（3）吹雪 ＋ ——由于强风将地面积雪卷起，使水平能见度小于 10.0 km 的现象。

（4）雪暴 ＋ ——大量的雪被强风卷着随风运行，并且不能判定当时天空是否有降雪。水平能见度一般小于 1.0 km。

（5）烟幕 ┌ ——大量的烟存在空气中，使水平能见度小于 10.0 km。城市、工矿区上空的烟幕呈黑色、灰色或褐色，浓时可以闻到烟味。

（6）霾 ∞ ——大量极细微的干尘粒等均匀地浮游在空中，使水平能见度小于 10.0 km 的空气普遍混浊现象。霾使远处光亮物体微带黄、红色，使黑暗物体微带蓝色。

（7）沙尘暴 ⊕ ——由于强风将地面大量尘沙吹起，使空气相当混浊，水平能见度小于 1.0 km。根据能见度沙尘暴分为三个等级：

沙尘暴　　能见度 0.5 km～小于 1.0 km

强沙尘暴　　能见度 0.05 km～小于 0.5 km

特强沙尘暴　　能见度小于 0.05 km

（8）扬沙 $ ——由于风大将地面尘沙吹起，使空气相当混浊，水平能见度大于等于 1.0 km～小于 10.0 km。

（9）浮尘 S ——尘土、细沙均匀地浮游在空中，使水平能见度小于 10.0 km。浮尘多为远处尘沙经上层气流传播而来，或为沙尘暴、扬沙出现后尚未下沉的细粒浮游空中而成。

视程障碍现象的特征和区别见表 6.3。

表 6.3　视程障碍现象的特征和区别

天气现象	符号	特征或成因	影响能见度的程度（km）	颜色	天气条件	大致出现时间
雾	≡	大量微小水滴浮游空中	<1.0	常为乳白色（工厂区为土黄灰色）	相对湿度接近100%	日出前，锋面过境前后
轻雾	═	微小水滴或已湿的吸湿性质粒组成的稀薄雾幕	1.0～<10.0	灰白色	空气较潮湿、稳定	早晚较多
吹雪	＋	强风将地面积雪卷起	<10.0	白茫茫	风较大	
雪暴	＋	大量的雪被风卷着随风运行（不能判定当时是否降雪）	<1.0	同上	风很大	地面或附近有大量积雪时
扬沙	$	本地或附近尘沙被风吹起，使能见度显著下降	1.0～<10.0	天空混浊，一片黄色	风较大	冷空气过境或雷暴、飑线影响时，北方春季易出现
沙尘暴	⊕		<1.0		风很大	
浮尘	S	远处尘沙经上层气流传播而来或为沙尘暴、扬沙出现后尚未下沉的细粒浮游空中	<10.0 垂直能见度也差	远物土黄色，太阳苍白或淡黄色	无风或风较小	冷空气过境前后

(续表)

天气现象	符号	特征或成因	影响能见度的程度(km)	颜色	天气条件	大致出现时间
霾	∞	大量极细微尘粒,均匀浮游空中,使空气普遍混浊	<10.0	远处光亮物体微带黄色、红色,黑暗物体微带蓝色	气团稳定、较干燥	一天中任何时候均可出现
烟幕	⌐	城市、工厂或森林火灾等排出的大量烟粒弥漫空中,有烟味	<10.0	远处来的烟幕呈黑、灰、褐色,日出、黄昏时太阳呈红色	气团稳定,有逆温时易形成	早晚常见

6.2.4 雷电现象

（1）雷暴 R——为积雨云云中、云间或云地之间产生的放电现象。表现为闪电并有雷声,有时亦可只闻雷声而不见闪电。

（2）闪电 ⌒——为积雨云云中、云间或云地之间产生放电时伴随的电光。但不闻雷声。

（3）极光 ⋏——在高纬度地区（中纬度地区也可偶见）晴夜见到的一种在大气高层辉煌闪烁的彩色光弧或光幕。亮度一般像满月夜间的云。光弧常呈向上射出活动的光带,光带往往为白色稍带绿色或翠绿色,下边带淡红色;有时只有光带而无光弧;有时也呈振动很快的光带或光幕。

6.2.5 其他现象

（1）大风 F——瞬时风速达到或超过 17.0 m/s（或目测估计风力达到或超过 8 级）的风。

（2）飑 ∇——突然发作的强风,持续时间短促。出现时瞬时风速突增,风向突变,气象要素随之亦有剧烈变化,常伴随雷雨出现。

（3）龙卷)(——一种小范围的强烈旋风,从外观看,是从积雨云（或发展很盛的浓积云）底盘旋下垂的一个漏斗状云体。有时稍伸即隐或悬挂空中;有时触及地面或水面,旋风过境,对树木、建筑物、船舶等均可能造成严重破坏。

（4）尘卷风 ⊰——因地面局部强烈增热,而在近地面气层中产生的小旋风,尘沙及其他细小物体随风卷起,形成尘柱。很小的尘卷风,直径在 2 m 以内,高度在 10 m 以下的不记录。

（5）冰针 ↔——飘浮于空中的很微小的片状或针状冰晶,在阳光照耀下,闪烁可辨,有时可形成日柱或其他晕的现象。多出现在高纬度和高原地区的严冬季节。

（6）积雪 ⊠——雪（包括霰、米雪、冰粒）覆盖地面达到气象站四周能见面积一半以上。

（7）结冰 ⊔——指露天水面（包括蒸发器的水）冻结成冰。

6.3 观测和记录

6.3.1 观测注意事项

（1）值班观测员应随时观测和记录出现在视区内的全部天气现象。夜间不守班的气象站,对夜间出现的天气现象,应尽量判断记录。

（2）为正确判断某一现象,有的时候还要参照气象要素的变化和其他天气现象综合进行判断。

（3）凡与水平能见度有关的现象,均以有效水平能见度为准,并在能见度观测地点观测判断天气现象。

6.3.2 记录规定

天气现象用表 6.4 对应的符号记入观测簿。

第6章 天气现象

表 6.4 天气现象符号表

现象名称	符号	现象名称	符号	现象名称	符号	现象名称	符号
雨	●	冰粒	△	雪暴	╋	大风	F
阵雨	▽	冰雹	△	烟幕	⌐	飑	∀
毛毛雨	,	露	⌒	霾	∞	龙卷	)
雪	✳	霜	⊔	沙尘暴	⊕	尘卷风	⦵
阵雪	⍟	雾凇	V	扬沙	$	冰针	↔
雨夹雪	✳	雨凇	∽	浮尘	S	积雪	⊠
阵性雨夹雪	⍟	雾	≡	雷暴	℞	结冰	⊔
霰	✕	轻雾	=	闪电	⦦		
米雪	△	吹雪	╋	极光	⋃		

(1)天气现象按出现的先后顺序记录。下列天气现象应记录开始与终止时间(时、分):雨、阵雨、毛毛雨、雪、阵雪、雨夹雪、阵性雨夹雪、霰、米雪、冰粒、冰雹、雾、雨凇、雾凇、吹雪、雪暴、龙卷、沙尘暴、扬沙、浮尘、雷暴、极光、大风。

例如:● $8-9^{10}$ ▽ $16^{05}-20$

(2)飑只记开始时间。凡规定记起止时间的现象,当其出现时间不足1分钟即已终止时,则只记开始时间,不记终止时间。

例如:∀ 13^{02} F 15^{15}

(3)下列天气现象不记起止时间:冰针、轻雾、露、霜、积雪、结冰、烟幕、霾、尘卷风、闪电。

(4)天气现象正好出现在20时,不论该现象持续与否,均应记入次日天气现象栏;如正好终止在20时,则应记在当日天气现象栏。

(5)夜间不守班的气象站,观测簿中的天气现象栏划分"夜间(20~08时)"和"白天(08~20时)"两栏。夜间出现的天气现象记入"夜间"栏,只记符号,一律不记起止时间;白天出现的天气现象则按上述规定在"白天"栏内记录。

如现象正好出现在08时,不论该现象持续与否,均应记入"白天"栏;如正好终止在08时,则记在"夜间"栏;如现象由夜间持续至08时以后,则按规定分别记入两栏。

(6)凡同一现象一天内出现两次或以上时,其第二次及之后出现的起止时间,可接着第一次起止时间分段记入,不再重记该现象符号。

(7)大风的起止时间,凡两段出现的时间间歇在15分钟或以内时,应作为一次记载;若间歇时间超过15分钟,则另记起止时间。

例如:某日大风实际出现时间是:$13^{02}-13^{04}$ $13^{06}-13^{07}$ $13^{22}-13^{25}$ $13^{41}-13^{42}$ $13^{44}-13^{45}$ 则观测簿应记为:F $13^{02}-13^{25}$ $13^{41}-13^{45}$

(8)最小能见度的记录规定

当沙尘暴、雾、雪暴以及浮尘、吹雪、烟幕、霾现象出现能见度小于1.0 km时,都应观测和记录最小能见度,记录加方括号[ ]。每一现象出现时,每天只记录一个最小能见度。

最小能见度是指最小有效水平能见度,以m为单位取整数。

例如: ⊕ $10^{15}—11^{25}[50]$ $13^{05}—13^{50}$

≡ $6^{13}—7^{20}[200]$

⌐ [800]

S $11^{14}—13^{22}$ $16^{10}—17^{31}[700]$

(9)雷暴应从整体出发判别其系统,记录其起止时间和开始、终止方向,切忌凌乱记载。

起止时间的记法：以该系统第一次闻雷时间为开始时间，最后一次闻雷时间为终止时间。两次闻雷时间相隔 15 分钟或以内，应连续记载；如两次间隔时间超过 15 分钟，需另记起止时间。如仅闻雷一声，只记开始时间。

方向的记法：按八方位记载。以该系统第一次闻雷的所在方位为开始方向，最后一次闻雷的所在方位为终止方向。若雷暴始终在一个方位，只记开始方向；若雷暴经过天顶，要记天顶符号"Z"；若起止方向之间达到 180°或以上时，须按雷暴的行径，在起止方向间加记一个中间方向；当起止方向不明或多方闻雷而不易判别系统时，则不记方向。

例如： ⚡ $16^{47}_{NW} - 17^{20}_{W}$ $17^{36}_{W} - 17^{58}$

⚡ $13^{18}_{Z} - 13^{50}_{E}$ $14^{40}_{W-Z-SE} - 15^{11}$

⚡ $12^{12}_{N-W-S} - 13^{05}$

6.3.3 高山站几种特殊情况的记录

（1）记雾时，不记最小能见度。

（2）当云笼罩测站，能见度小于 1.0 km 时，应作为雾记录。

（3）如雾的浓度变化快，能见度时而小于 1.0 km，时而等于、大于 1.0 km 时，仍可记为雾，但以点线连接。

例如：≡ $7^{10} \cdots 9^{30}$

（4）当孤立的云块迅速掠过测站，使能见度变化很快，可不作雾记录。

（5）当积雨云笼罩测站时，可能同时出现雷暴、阵雨（阵雪）、毛毛雨、雾、冰雹等多种现象，应照实记录。

6.4 天气现象观测仪

天气现象观测仪是一种智能型多变量传感器，它由一个散射能见度仪，一个降水检测系统传感器以及温度、湿度、风向、风速等传感器组成。通过对这些数据变量的逻辑分析来判定天气现象。

散射能见度仪（见 5.4.2）不仅能测量 0~50.0 km 气象光学视程的连续变化，而且根据散射信号闪烁的速度变化来探测降水颗粒，并从光学角度估计降水强度和降水量。

降水检测系统，主要由光学雨量计等组成，其工作原理是测量雨滴经过一束光线时由于雨滴的衍射效应引起的光的闪烁，闪烁光被接收后进行谱分析，其谱分布与单位时间通过光路的雨强有关，以及与雨滴的半径大小和雨滴降落速度也有关系，从而判断降水种类、降水强度与有无降水等。

根据能见度与相对湿度可判定雾、轻雾还是霾的现象。再参照风及其他资料可判定沙尘暴与扬沙等。

从风的测量值的离散序列可确定飑。若风速测量的输出值与风向传感器、温度、湿度传感器结合在一起，就有可能识别出飑线。

6.5 纪要栏的记载

（1）当某些强度很大的天气现象，在本地范围内造成灾害时，应迅速进行调查，并及时记载。

调查内容包括：影响的范围、地点、时间、强度变化、方向路径、受灾范围、损害程度等。

（2）气象站附近的江、河、湖、海的泛滥、封冻、解冻情况。

（3）气象站附近的铁路、公路及主要道路因雨凇、沙阻、雪阻或泥泞、翻浆、水淹等影响中断交通时，应进行调查记载。

（4）气象站视区内高山积雪的简要描述：山名、雪线高度、起止日期（本月内）等。

(5)降雹时应测定最大冰雹的最大直径,以毫米(mm)为单位,取整数。当最大冰雹的最大直径大于 10 mm 时,应同时测量冰雹的最大平均重量,以克(g)为单位,取整数,均记入纪要栏。

测量方法是:选拣几个最大和较大的冰雹,用秤直接称出重量,除以冰雹数目即得冰雹的最大平均重量。或者将所拣冰雹放入量杯中,待冰雹融化后,算出水的重量,除以冰雹数目就是冰雹的最大平均重量。

(6)本站视区内出现的罕见特殊现象,如海市蜃楼、峨眉宝光等。

(7)当本地范围内进行人工影响局部天气(包括人工降雨、防霜、防雹、消雾等)作业时,应注明其作业时间、地点。

以上内容应详细记载,有条件的可用影像记录,存档备用。

第7章 气　压

7.1 概述

气压是作用在单位面积上的大气压力,即等于单位面积上向上延伸到大气上界的垂直空气柱的重量。气压以百帕(hPa)为单位,取1位小数。

人工观测时,定时观测要计算本站气压,编发天气报告的时次还须计算海平面气压。测定气压主要用动槽式和定槽式水银气压表。配有气压计的,应作气压连续记录,并挑选气压的日极值(最高、最低)。

自动观测时,测定气压的仪器用电测气压传感器,自动测定本站气压、挑选本站气压的日极值(最高、最低)、计算海平面气压。

7.2 水银气压表

气象站常用的仪器有动槽式水银气压表和定槽式水银气压表两种。它是利用作用在水银面上的大气压强和与其相通、顶端封闭且抽成真空的玻璃管中的水银柱对水银面产生的压强相平衡的原理而制成的。

7.2.1 动槽式水银气压表

动槽式(又名福丁式)水银气压表由内管、外套管与水银槽三部分组成(见图7.1),在水银槽的上部有一象牙针,针尖位置即为刻度标尺的零点。每次观测必须按要求将槽内水银面调至象牙针尖的位置上。

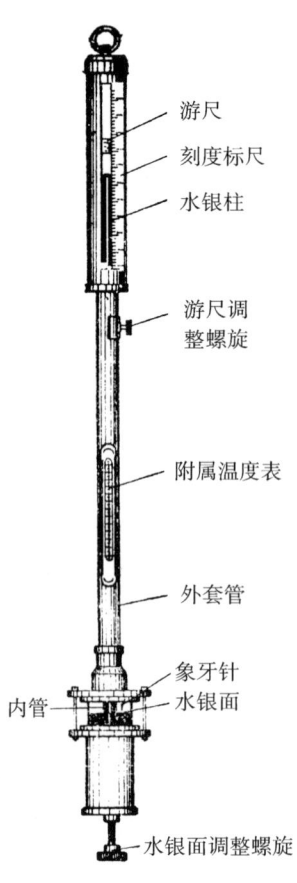

图7.1　动槽式水银气压表

(1)安装

气压表应安装在温度少变、光线充足、既通风又无太大空气流动的气压室内。气压表应牢固、垂直地悬挂在墙壁、水泥柱或坚固的木柱上,切勿安装在热源(暖气管、火炉)和门窗、空调器旁边,以及阳光直接照射的地方。气压室内不得堆放杂物。

安装前,应将挂板牢固地固定在准备悬挂气压表的地方,再小心地从木盒(皮套)中取出气压表,槽部向上,稍稍拧紧槽底调整螺旋约1~2圈,慢慢地将气压表倒转过来,使表直立,槽部在下。然后先将槽的下端插入挂板的固定环里,再把表顶悬环套入挂钩中,使气压表自然下垂后,慢慢旋紧固定环上的3个螺丝(注意不能改变气压表的自然垂直状态),将气压表固定。最后旋转槽底调整螺旋,使槽内水银面下降到象牙针尖稍下的位置为止。安装后要稳定4个小时,方能观测使用。

(2)移运

移运气压表的步骤与安装相反。先旋动槽底调整螺旋,使内管中水银柱恰达外套管窗孔的顶部为止,切勿旋转过度。然后松开固定环的螺丝,将表从挂钩上取下,两手分持表身的上部和下部,徐徐倾斜45°左右,就可以听到水银与管顶的轻击声音(如声音清脆,则表明内管真空良好;若声音混浊,则表明内管真空不良),继续缓慢地倒转气压表,使之完全倒立,槽部在上。将气压表装入特制的木盒(皮套)内,旋松调整螺旋1~2圈(使水银有膨胀的余地)。在运输过程中,始终要按木盒(皮套)箭头所示的方向,使气压表槽部在上进行移运,并防止震动。

(3)观测和记录

①观测附属温度表(简称"附温表"),读数精确到0.1℃。当温度低于附温表最低刻度时,应在紧贴气压表外套管壁旁,另挂一支有更低刻度的温度表作为附温表,进行读数。

②调整水银槽内水银面,使之与象牙针尖恰恰相接。调整时,旋动槽底调整螺旋,使槽内水银面自下而上地升高,动作要轻而慢,直到象牙针尖与水银面恰好相接(水银面上既无小涡,也无空隙)为止。如果出现了小涡,则须重新进行调整,直至达到要求为止。

③调整游尺与读数。先使游尺稍高于水银柱顶,并使视线与游尺环的前后下缘在同一水平线上,再慢慢下降游尺,直到游尺环的前后下缘与水银柱凸面顶点刚刚相切。此时,通过游尺下缘零线所对标尺的刻度即可读出整数。再从游尺刻度线上找出一根与标尺上某一刻度相吻合的刻度线,则游尺上这根刻度线的数字就是小数读数。

④读数复验后,降下水银面。旋转槽底调整螺旋,使水银面离开象牙针尖约2~3 mm。

观测时如光线不足,可用手电筒或加遮光罩的电灯(15~40 W)照明。采光时,灯光要从气压表侧后方照亮气压表挂板上的白磁板,而不能直接照在水银柱顶或象牙针上,以免影响调整的正确性。

(4)维护

①应经常保持气压表的清洁。

②动槽式水银气压表槽内水银面产生氧化物时,应及时清除。对有过滤板装置的气压表,可以慢慢旋松槽底调整螺旋,使水银面缓缓下降到"过滤板"之下(动作要轻缓,使水银面刚好流入板下为止,切忌再向下降,以免内管逸入空气),然后再逐渐旋紧槽底调整螺旋,使水银面升高至象牙针附近。用此方法重复几次,直到水银面洁净为止。无"过滤板"装置的气压表,若水银面严重氧化时,应报请上级业务主管部门处理。

③气压表必须垂直悬挂,应定期用铅垂线在相互成直角的两个方向上检查校正。

④气压表水银柱凸面突然变平并不再恢复,或其示值显著不正常时,应报请上级业务主管部门处理。

7.2.2 定槽式水银气压表

定槽式(又名寇乌式)水银气压表的构造与动槽式水银气压表大体相同,也分为内管、外套管、水银槽三个部分(见图7.2)。所不同的是刻度尺零点位置不固定,槽部无水银面调整装置。因此采用补偿标尺刻度的办法,以解决零点位置的变动。

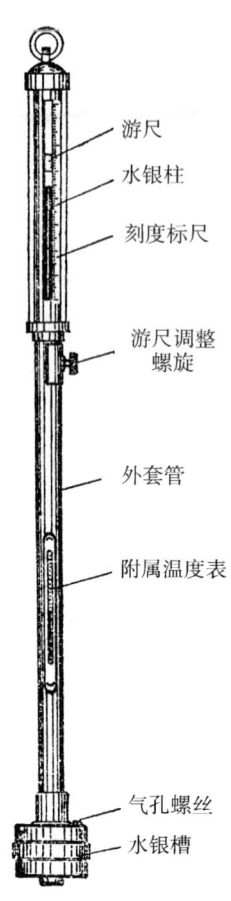

图 7.2 定槽式水银气压表

(1)安装

安装要求同动槽式水银气压表。安装步骤也基本相同。不同点是当气压表倒转挂好后,要拧松水银槽部上的气孔螺丝,表身应处在自然垂直状态,槽部不必固定。

(2)移运

先将气孔螺丝拧紧,从挂钩上取下气压表,将气压表绕自身轴线缓缓旋转,同时徐徐倒转使槽部在上,装入木盒(皮套)内。运输过程中的要求同动槽式水银气压表。

(3)观测和记录

①观测附温表。

②用手指轻击表身(轻击部位以刻度标尺下部附温表上部之间为宜)。

③调整游尺与水银柱顶相切。

④读数并记录。

(4)维护

定槽式水银气压表的水银是定量的,所以要特别防止漏失水银。其余同动槽式水银气压表维护中①、③、④条。

7.2.3 计算本站气压

使用水银气压表的台站,按下面公式计算本站气压:

$$P_h = (P + C) \times \frac{g_{\varphi,h}}{g_n} \times \frac{1 + \lambda t}{1 + \mu t} \tag{7.1}$$

式中 P_h 为本站气压(hPa);P 为水银气压表读数(hPa);C 为器差订正值(hPa);$g_{\varphi,h}$ 为测站重力加速度;g_n 为标准状态下的标准重力加速度,其值为 9.80665 m/s²;μ 为水银膨胀系数,其值为 0.0001818/℃;λ 为铜尺膨胀系数,其值为 0.0000184/℃;t 为经器差订正后的水银气压表附温表读数(℃)。上式中:

$$g_{\varphi,h} = g_{\varphi,0} - 0.000003086h + 0.000001118(h - h')$$

这里 $g_{\varphi,0}$ 为纬度 φ 处的平均海平面重力加速度（m/s²）；h 为拔海高度（m）；h' 为以站点为圆心，在半径为 150 km 范围内的平均拔海高度（m）。而

$$g_{\varphi,0} = 9.80620 \times [1 - 0.0026442 \times \cos2\varphi + 0.0000058 \times (\cos2\varphi)^2]$$

在周围地形较平坦的台站，设 $h = h'$；

在周围地形差异大的台站，重力加速度应采用实测值。

人工查算本站气压的台站，为了日常工作方便，可制作专用的气压订正简表，此表须经上级业务主管部门审核批准后方可使用。

7.3 气压计

气压计是自动、连续记录气压变化的仪器。它由感应部分（金属弹性膜盒组）、传递放大部分（两组杠杆）和自记部分（自记钟、笔、纸）组成（见图 7.3）。由于准确度所限，其记录必须与水银气压表测得的本站气压值比较，进行差值订正，方可使用。

7.3.1 安装

气压计应稳固地安放在水银气压表附近的台架上，仪器底座要求水平，距地高度以便于观测为宜。

7.3.2 观测和记录

02、08、14、20 时 4 次（一般站 08、14、20 时 3 次）定时观测时，在水银气压表观测完后，便读气压计，将读数记入观测簿相应栏中，并做时间记号。做时间记号的方法是：轻轻地按动一下仪器右壁外侧的记时按钮，使自记笔尖在自记纸上画一短垂线（无记时按钮的仪器须掀开仪器盒盖，轻抬自记笔杆使其做一记号）。

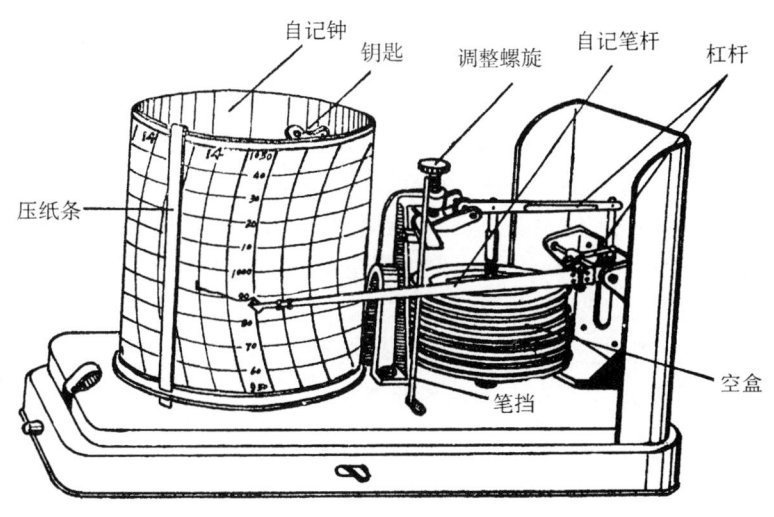

图 7.3 气压计

7.3.3 更换自记纸

日转仪器每天换纸，周转仪器每周换纸一次。换纸步骤如下：

（1）做记录终止的记号（方法同定时观测做时间记号）。

（2）掀开盒盖，拨开笔挡，取下自记钟筒（也可不取下），在自记迹线终端上角记下记录终止时间。

（3）松开压纸条，取下自记纸，上好钟机发条（视自记钟的具体情况每周 2 次或 5 天 1 次，切忌上得过紧），换上填写好站名、日期的新纸。上纸时，要求自记纸卷紧在钟筒上，两端的刻度线要对齐，底边紧靠钟筒突出的下缘，并注意勿使压纸条挡住有效记录的起止时间线。

（4）在自记迹线开始记录一端的上角，写上记录开始时间，按反时针方向旋转自记钟筒（以消除大小齿轮间的空隙），使笔尖对准记录开始的时间，拨回笔挡并做一时间记号。

(5) 盖好仪器的盒盖。

7.3.4 自记记录的订正

(1) 在换下的自记纸上,将定时观测的实测值和自记读数分别填在相应的时间线上。气压(温度、相对湿度相同)自记记录以时间记号作为正点。

(2) 日最高、最低值的挑选和订正

① 从自记迹线中找出一日(20~20 时)中最高(最低)处,标一箭头,读出自记数值并进行订正。订正方法:根据自记迹线最高(最低)点两边相邻的定时观测记录所计算的仪器差,用内插法求出各正点的器差值,然后取该最高(最低)点靠近的那个正点的器差值进行订正(如恰在两正点中间,则用后一正点的器差值),即得该日最高(最低)值。

在基准站,极值应采用邻近正点(24 次定时)的实测值进行器差订正,当极值出现在两正点中间时,采用后一正点的器差订正值。

② 按上述订正后的最高(最低)值如果比同日定时观测实测值还低(高)时,则直接挑选该次定时实测值作为最高(最低)值。

③ 仪器因摩擦等原因,自记迹线在作时间记号后,笔尖未能回到原来位置,当记号前后两处读数≥0.3 hPa(温度≥0.3℃,相对湿度≥3%)时,称为跳跃式变化。在订正极值时,该时器差应按跳跃前后的读数分别计算。

7.3.5 维护

(1) 经常保持仪器清洁。感应部分有灰尘时,应用干洁毛笔清扫。

(2) 当发现记录迹线出现"间断"或"阶梯"现象时,应及时检查自记笔尖对自记纸的压力是否适当。检查方法:把仪器向自记笔杆的一面倾斜到 30°~40°,如笔尖稍稍离开钟筒,则说明笔尖对纸的压力是适宜的;如笔尖不离开钟筒,则说明笔尖对纸的压力过大;若稍有倾斜,笔尖即离开钟筒,则说明笔尖压力过小。此时,应调节笔杆根部的螺丝或改变笔杆架子的倾斜度进行调整,直到适合为止。如经上述调整仍不能纠正时,则应清洗、调整各个轴承和连接部分。

(3) 注意自记值同实测值的比较,误差超过 1.5 hPa 时,应调整仪器笔位。如果自记纸上标定的坐标示值不恰当,应按本站出现的气压范围适当修改坐标示值。

(4) 笔尖须及时添加墨水,但不要过满,以免墨水溢出。如果笔尖出水不顺畅或画线粗涩,应用光滑坚韧的薄纸疏通笔缝;疏通无效,应更换笔尖。新笔尖应先用酒精擦拭除油,再上墨水。更换笔尖时应注意自记笔杆(包括笔尖)的长度必须与原来的等长。

(5) 周转型自记钟一周快慢超过半小时,日转型自记钟一天快慢超过 10 分钟,应调整自记钟的快慢针。自记钟使用到一定期限(1 年左右),应清洗加油。

7.3.6 自记纸的整理保存

(1) 每月应将气压自记纸(其他仪器的自记纸同),按日序排列,装订成册(一律装订在左端),外加封面。

(2) 在封面上写明气象站名称、地点、记录项目和记录起止的年、月、日、时。

(3) 每年按月序排列,用纸包扎并注明气象站名称、地点、记录项目及起止年、月、日。

(4) 妥为保管,勿使其潮湿、虫蛀、污损。

7.4 电测气压传感器

电测气压传感器是将大气压力的变化转换成电信号的变化,再经过电子测量电路对电信号进行测量和处理而获得气压值。常用的电测气压传感器有振筒式气压传感器和膜盒式电容气压传感器。

7.4.1 振筒式气压传感器

(1) 结构原理

该传感器由两个一端密封的同轴圆筒组成。内筒为振动筒,其弹性模数的温度系数很小($\alpha \leq \pm 1 \times$

$10^{-5}℃^{-1}$）。外筒为保护筒。两个筒的一端固定在公共基座上,另一端为自由端。线圈架安装在基座上,位于筒的中央,如图7.4。

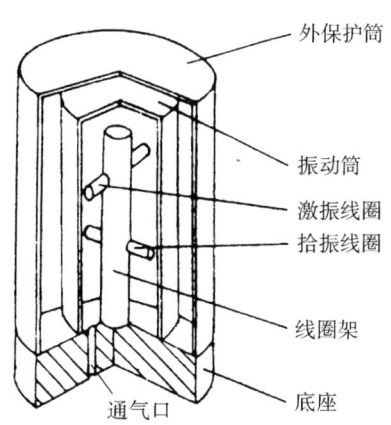

图7.4 振筒式气压传感器结构图

线圈架上相互垂直地装有两个线圈,其中激振线圈用于激励内筒振动,拾振线圈用来检测内筒的振动频率。两筒之间的空间被抽成真空,作为绝对压力标准。内筒与被测气体相通,于是筒壁被作用在筒内表面的压力张紧,这一张力使筒的固有频率随压力的增加而增加,测出其频率即可算出本站气压。

（2）安装和维护

振筒式气压传感器及其组件安装在采集器内。其感应部位与台站水银气压表的感应部位高度一致,如果无法调整到一致,则要重新测定拔海高度。安装或更换传感器时应在切断电源的条件下进行。气压传感器应避免阳光的直接照射和风的直接吹拂。

应定期检查通气孔,及时更换干燥剂。

7.4.2 膜盒式电容气压传感器

（1）结构原理

膜盒式电容气压传感器的感应元件为真空膜盒。当大气压力产生变化时,使真空膜盒(包括金属膜盒和单晶硅膜盒)的弹性膜片产生形变而引起其电容量的改变。通过测得电容量来计算本站气压。

（2）安装和维护

膜盒式电容气压传感器安装在采集器内,其高度要求与振筒式气压传感器相同。安装或更换传感器时应在切断电源的情况下进行。安装好的传感器要保持静压气孔口畅通,以便正确感应外界大气压力。

应定期检查气孔口。

7.5 计算海平面气压

为了便于天气分析,需将地面气象观测站不同高度的本站气压值订正到海平面高度。我国以黄海海面平均高度为海平面基准点。

7.5.1 海平面气压的计算公式

$$P_0 = P_h \times 10^{h/[18400(1+\frac{t_m}{273})]} \tag{7.2}$$

式中P_0为海平面气压(hPa);P_h为本站气压(hPa);h为气压传感器(水银槽)拔海高度(m);t_m为气柱平均温度(℃)。

计算气柱平均温度t_m公式:

$$t_m = \frac{t+t_{12}}{2} + \frac{\gamma h}{2} = \frac{t+t_{12}}{2} + \frac{h}{400} \tag{7.3}$$

式中t为观测时的气温(℃);t_{12}为观测前12小时的气温(℃);γ为气温垂直梯度或称为气温直减率,规定采用0.5℃/100 m;h为气压传感器(水银槽)拔海高度(m),对于一个测站来说,h是一个定值,故

$h/400$ 为一常数。

7.5.2 人工计算海平面气压

海平面气压(P_0) = 本站气压值(P_h) + 高度差订正值(C)。当水银气压表拔海高度高于海平面时,高度差订正值为正;低于海平面时,订正值为负。

(1)水银气压表拔海高度低于 15.0 m 的气象站(当低于海平面时为其绝对值,下同),用下列公式计算高度差订正值:

$$C = 34.68 \times \frac{h}{t + 273} \tag{7.4}$$

式中 h 为水银气压表拔海高度(m),$\bar{t}$ 为年平均气温(℃)。

对于某一站而言,高度差订正值 C 是常数。如为新建气象站,无年平均气温,可利用附近高度相近的地点的年平均气温代替。

(2)当水银气压表拔海高度达到或超过 15.0 m 时,海平面气压的计算方法:

①以公式(7.3)的 t_m 与 h 查《气象常用表》(第三号)第四表,用内插法求算出 M 值。

②用本站气压 P_h 和 M 值,由公式

$$C = P_h \times \frac{M}{1000} \tag{7.5}$$

计算出高度差订正值 C。

③由公式

$$P_0 = P_h + C \tag{7.6}$$

计算出海平面气压。

④为了日常工作方便,由上级业务主管部门统一编制适合于各气象站所需的高度差订正值(C 值)表和海平面气压订正简表。

第8章 空气温度和湿度

8.1 概述

空气温度(简称气温,下同)是表示空气冷热程度的物理量。

空气湿度(简称湿度,下同)是表示空气中的水汽含量和潮湿程度的物理量。

地面气象观测中测定的是离地面1.50 m高度处的气温和湿度。

需要测定的项目及其单位:

气温有:定时气温,日最高、日最低气温。配有温度计的气象站应做气温的连续记录。以摄氏度(℃)为单位,取1位小数。

湿度有:

水汽压(e)——空气中水汽部分作用在单位面积上的压力。以百帕(hPa)为单位,取1位小数。

相对湿度(U)——空气中实际水汽压与当时气温下的饱和水汽压之比。以百分数(%)表示,取整数。

露点温度(T_d)——空气在水汽含量和气压不变的条件下,降低气温达到饱和时的温度。以摄氏度(℃)为单位,取1位小数。

配有湿度计的气象站应做相对湿度的连续记录,并挑选日最小值。

测量气温和湿度的仪器主要有干球温度表、湿球温度表、最高温度表、最低温度表、毛发湿度表、通风干湿表、温度计和湿度计、铂电阻温度传感器和湿敏电容湿度传感器。

8.2 百叶箱

百叶箱是安装温、湿度仪器用的防护设备。它的内外部分应为白色。百叶箱的作用是防止太阳对仪器的直接辐射和地面对仪器的反射辐射,保护仪器免受强风、雨、雪等的影响,并使仪器感应部分有适当的通风,能真实地感应外界空气温度和湿度的变化。

8.2.1 结构

百叶箱通常由木质或玻璃钢两种材料制成,箱壁两排叶片与水平面的夹角约为45°,呈"人"字形,箱底为中间一块稍高的三块平板,箱顶为两层平板,上层稍向后倾斜。

木制百叶箱分为大小两种:小百叶箱内部高537 mm、宽460 mm、深290 mm。用于安装干球和湿球、最高、最低温度表、毛发湿度表;大百叶箱内部高612 mm、宽460 mm、深460 mm。用于安装温度计、湿度计或铂电阻温度传感器和湿敏电容湿度传感器。

玻璃钢百叶箱内部高615 mm、宽470 mm、深465 mm。用于安装各种温、湿度测量仪器。

8.2.2 安装

百叶箱应水平地固定在一个特制的支架上。支架应牢固地固定在地面或埋入地下,顶端约高出地面125 cm;埋入地下的部分,要涂防腐油。支架可用木材、角铁或玻璃钢制成,也可用带底盘的钢制柱体制成。多强风的地方,须在四个箱角拉上铁丝纤绳。箱门朝正北。

8.2.3 维护

百叶箱要保持洁白,木质百叶箱视具体情况每一至三年重新油漆1次;内外箱壁每月至少定期擦洗1次。寒冷季节可用干毛刷刷拭干净。清洗百叶箱的时间以晴天上午为宜。在进行箱内清洗之前,应将仪器全部放入备份百叶箱内;清洗完毕,待百叶箱干燥之后,再将仪器放回。清洗百叶箱不能影响观测和记录。

安装自动站传感器的百叶箱不能用水洗,只能用湿布擦拭或毛刷刷拭。百叶箱内的温、湿传感器也不得移出箱外。

冬季在巡视观测场时,要小心用毛刷把百叶箱顶、箱内和壁缝中的雪和雾凇扫除干净。

百叶箱内不得存放多余的物品。

在人工观测中,箱内靠近箱门处的顶板上,可安装照明用的电灯(不得超过 25 W),读数时打开,观测后随即关上,以免影响温度。也可以用手电筒照明。

8.2.4 防辐射罩

为了便于野外考察,可以使用简易的防辐射罩。它的上板为伞形,中间有多层环片,下面为防辐射板,温湿传感器置于罩的中部。

8.3 干湿球温度表

干湿球温度表是用于测定空气的温度和湿度的仪器。它由两支型号完全一样的温度表组成,气温由干球温度表测定,湿度是根据热力学原理由干球温度表与湿球温度表的温度差值计算得出,计算公式见附录2。

温度表(见图8.1)是根据水银(酒精)热胀冷缩的特性制成的,分感应球部、毛细管、刻度磁板、外套管四个部分。

8.3.1 安装

在小百叶箱的底板中心,安装一个温度表支架,干、湿球温度表垂直悬挂在支架两侧的环内,球部向下,干球在东,湿球在西,球部中心距地面 1.5 m 高。湿球温度表球部包扎一条纱布,纱布的下部浸到一个带盖的水杯内(见图8.2)。杯口距湿球球部约 3 cm,杯中盛蒸馏水(只允许用医用蒸馏水),供湿润湿球纱布用。

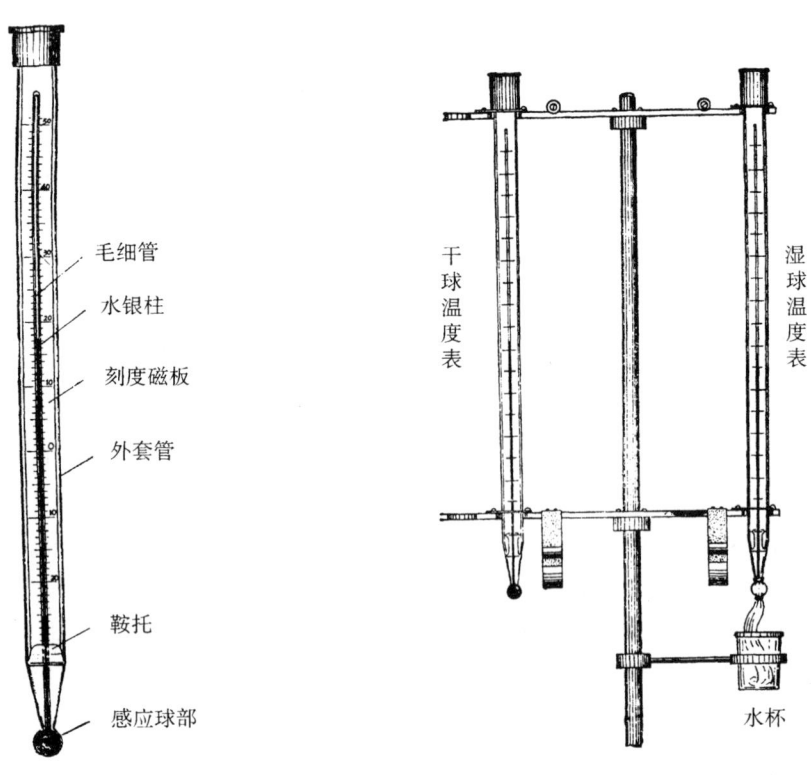

图 8.1 干球温度表　　　　图 8.2 干湿球温度表的安装

湿球包扎纱布时,要把湿球温度表从百叶箱内拿出,先把手洗干净,再用清洁的水将温度表的感应部分洗净,然后将长约 10 cm 的新纱布在蒸馏水中浸湿,使上端服帖无皱折地包卷在感应部分上(包卷纱布的重叠部分不要超过球部圆周的 1/4);包好后,用纱线把高出感应部分上面的纱布扎紧,再把感应部分下面的纱布紧靠着球部扎好,但不要扎得过紧,并剪掉多余的纱线(见图 8.3)。

8.3.2 观测和记录

(1)定时观测程序

按干球、湿球温度表,最低温度表酒精柱,毛发湿度表,最高温度表,最低温度表游标次序读数,调整最高、最低温度表,温度计和湿度计读数并做时间记号。

(2)正常观测

各种温度表读数要准确到 0.1℃。温度在 0℃ 以下时,应加负号("-")。读数记入观测簿相应栏内,并按所附检定证进行器差订正。如示度超过检定证范围,则以该检定证所列的最高(或最低)温度值的订正值进行订正。

温度表读数时应注意:

①观测时必须保持视线和水银柱顶端齐平,以避免视差。

②读数动作要迅速,力求敏捷,不要对着温度表呼吸,尽量缩短停留时间,并且勿使头、手和灯接近球部,以避免影响温度示度。

③注意复读,以避免发生误读或颠倒零上、零下的差错。

(3)溶冰观测

当湿球纱布冻结后,应及时从室内带一杯蒸馏水对湿球纱布进行溶冰,待纱布变软后,在球下部 2～3 mm 处剪断(见图 8.4),然后把湿球温度表下的水杯从百叶箱内取走,以防水杯冻裂。

图 8.3　温度零上时湿球纱布包扎

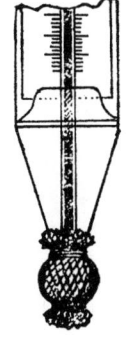
图 8.4　冻结时湿球纱布包扎

气温在 -10.0℃ 或以上湿球纱布结冰时,观测前须进行湿球溶冰。溶冰用的水温不可过高,相当于室内温度,能将湿球冰层溶化即可。将湿球球部浸入水杯中把纱布充分浸透,使冰层完全溶化。从湿球温度示值的变化情况可判断冰层是否完全溶化,如果示度很快上升到 0℃,稍停一会儿再向上升,就表示冰已溶化。然后把水杯移开,用杯沿将聚集在纱布头的水滴除去。

掌握好溶冰时间是很重要的,可参照下述情况灵活掌握:

当风速、湿度中常时,在观测前 30 分钟左右进行;湿度很小,风速很大时,在观测前 20 分钟以内进行;湿度很大,风速很小时,要在观测前 50 分钟左右进行。

若每小时一次温、湿度观测,在冬季里湿度大、风速小的情况下,由于冰面蒸发很小,溶冰一次,可进行几次观测,不必 1 小时溶冰一次,否则容易造成湿球示值不稳定。具体可多长时间溶冰一次,由各站根据天气情况具体掌握,但站内应当统一。

读取干湿球温度表的示值时,须先看湿球示度是否稳定,达到稳定不变时才能进行读数和记录。在记录后,用铅笔侧棱试试纱布软硬,了解湿球纱布是否冻结。如已冻结,应在湿球读数右上角记录结冰符号"B";如未冻结则不记。若湿球示度不稳定,不论是从零下上升到零度,还是从零度继续下降,说明是溶冰不恰当,湿球不能读数,只记录干球温度。若在定时观测正点前湿球温度能够稳定,则需补测干、湿球温度值,并用此值作为气温和湿度的正式记录;若定时观测正点前湿球温度仍不能稳定,则相对湿度改用毛发湿度表或湿度计测定(需按规定作相应订正),水汽压、露点温度用干球温度和相对湿度计算得到;如无毛发湿度表(计)或按规定冬季不需要编制订正图的气象站,应在正点后补测干、湿球温度,记在观测簿该时栏上面空白处,只作计算湿度用,这次湿球温度不抄入气表(该栏记"—"),而温度的正式记录仍以第一次干球温度为准。

(4)低温情况下的观测

气温在-10.0℃以下时,停止观测湿球温度,改用毛发湿度表或湿度计测定湿度。但在冬季偶有几次气温低于-10.0℃的地区,仍可用干、湿球温度表进行观测。

气温在-36.0℃以下,接近水银凝固点(-38.9℃)时,改用酒精温度表观测气温。酒精温度表应按干球温度表的安装要求事先悬挂在干球温度表旁边。如果没有备用的酒精温度表,则可用最低温度表酒精柱的示度来测定空气温度。

(5)水汽压、相对湿度、露点温度按附录2的公式计算得出,人工查算由《湿度查算表》查得。

在非结冰季节湿度很大或有雾时,湿球温度偶有略高于干球温度的现象(指经仪器差订正后的数值),这时湿球温度应作为与干球温度相同,进行湿度计算。

8.3.3 维护

(1)必须注意保持干湿球温度表的正常状态。如发现温度表内刻度磁板破损,毛细管内有水银滴、黑色沉淀的氧化物或水银柱中断等情况,应同时更换、报废。

(2)干球温度表应经常保持清洁、干燥。观测前巡视设备和仪器时,如发现干球上有灰尘或水,须立即用干净的软布轻轻拭去。

(3)湿球纱布必须经常保持清洁、柔软和湿润,一般应每周换1次。遇有沙尘等天气,湿球纱布上明显沾有灰尘时,应立即更换。

在海岛、矿区或烟尘多的地方,湿球纱布容易被盐、油、烟尘等污染,应缩短更换纱布的期限。

(4)水杯中的蒸馏水要时常添满,保持洁净,一般每周更换1次。

8.3.4 干湿球温度传感器

用铂电阻可制成干湿球温度传感器,其测温原理与铂电阻温度传感器相同,测湿原理与干湿球温度表相同。

8.4 最高温度表

最高温度表的构造与一般温度表不同,它的感应部分内有一玻璃针,伸入毛细管,使感应部分和毛细管之间形成一窄道(见图8.5)。当温度升高时,感应部分的水银体积膨胀,挤入毛细管;而温度下降时,毛细管内的水银,由于通道窄不能缩回感应部分,因而能指示出上次调整后这段时间内的最高温度。

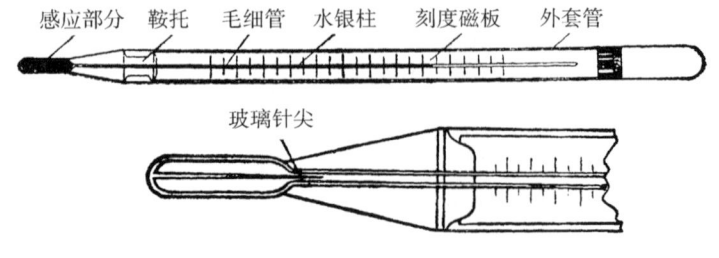

图 8.5 最高温度表

8.4.1 安装

最高温度表安置在温度表支架下横梁的上面一对弧形钩上,感应部分向东稍向下倾斜。高出干湿球温度表球部3 cm。

8.4.2 观测和调整

（1）观测

最高温度表每天20时观测一次，读数记入观测簿相应栏中，观测后进行调整。编发天气报告或加密天气报告的气象站，在规定的时次进行补充观测，观测后也必须进行调整。

观测最高温度表时，应注意温度表的水银柱有无上滑脱离窄道的现象。若有上滑现象，应稍稍抬起温度表的顶端，使水银柱回到正常的位置，然后再读数。

在观测中发现最高温度表水银柱在窄道处断开时，应稍稍抬起温度表的顶端使其连接在一起。若不能恢复，则减去断柱的数值作为读数，并及时进行修复或更换。有关情况要在观测簿的备注栏注明。

气温在-36.0℃以下时，停止最高温度表的观测，记录从缺，并在观测簿的备注栏注明。

（2）调整

用手握住表身，感应部分向下，臂向外伸出约30°，用大臂将表前后甩动，甩动方向与刻度磁板面平行，毛细管内水银就可以下落到感应部分，使示度接近于当时的干球温度。

调整时，动作应迅速，尽量避免阳光照射，也不能用手接触感应部分。不要甩动到使感应部分向上的程度，以免水银柱滑上又甩下，撞坏窄道。调整后，把表放回到原来的位置上时，先放感应部分，后放表身。

8.4.3 维护

（1）同干球温度表。

（2）在温度下降时，最高温度表的水银柱有时也会回缩到感应部分，遇到这种情况，应立即换用备份表，报废该故障表。

8.5 最低温度表

最低温度表的感应液是酒精，它的毛细管内有一哑铃形游标（见图8.6）。

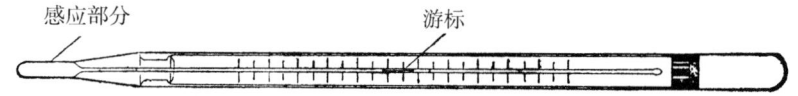

图8.6 最低温度表

当温度下降时，酒精柱便相应下降，由于酒精柱顶端表面张力作用，带动游标下降；当温度上升时，酒精膨胀，酒精柱经过游标周围慢慢上升，而游标仍停在原来位置上。因此它能指示上次调整以来这段时间内的最低温度。

8.5.1 安装

最低温度表水平地安装在温度表支架下横梁的下面一对弧形钩上，感应部分向东，低于最高温度表1 cm。

8.5.2 观测和调整

（1）观测

每天在20时观测一次，读数记入观测簿相应栏中，观测后调整温度表。拍发天气报告或加密天气报告的气象站，按电码规定进行补充观测，观测后也必须进行调整。

观测最低温度示度时，眼睛应平直地对准游标离感应部分的远端位置；观测酒精柱示度时，眼睛应平直地对准酒精顶端凹面中点（即最低点）的位置。

当在观测读数发现最低温度表（包括地面最低温度表）酒精柱中断时，最低温度记录做缺测处理，并在观测簿的备注栏注明；该表须及时修复或更换。

（2）调整

抬高温度表的感应部分，表身倾斜，使游标回到酒精柱的顶端。

(3)读数的补充订正

在每月的1~5日20时应读取最低温度表酒精柱的示度与干球温度表的示度,用经器差订正后的干球温度值减去经器差订正后的最低温度表酒精柱值,并计算该5日的平均差值。如果平均差值≤0.5℃时,该最低温度表可以使用,以后的读数也不进行补充订正;若平均差值>0.5℃,应撤换最低温度表,并将平均差值订正到该5天的逐日最低温度值上。

凡中途换用了最低温度表,在换用后的前5天内,也应参照上述规定进行最低温度表的对比观测。

8.5.3 维护

(1)在移运和存放最低温度表时,最好将表身直立放置,感应部分向下,并避免高温及震动,以免酒精柱蒸发和中断。

(2)有时由于搬运和调整不当,或者毛细管内一部分酒精被蒸发后凝结于管顶,或者因为毛细管内酒精柱上端有残留气体,使酒精柱分离成几段,这些故障可用甩动、加热、撞击等方法将其修复或报废。

8.6 温度计

温度计是自动记录气温连续变化的仪器,它由感应部分(双金属片)、传递放大部分(杠杆)、自记部分(自记钟、纸、笔)组成(见图8.7)。

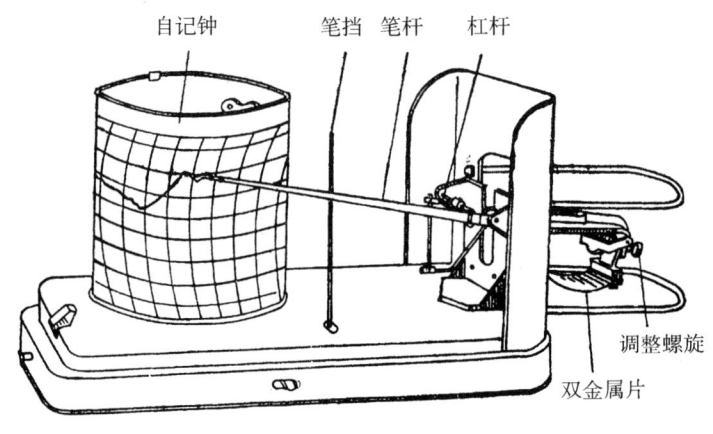

图8.7 温度计

8.6.1 安装

温度计应稳固地安装在大百叶箱中下面架子上,底座保持水平,感应部分中部离地1.5 m。

8.6.2 观测和记录

02、08、14、20时4次(一般站08、14、20时3次)定时观测时,根据笔尖在自记纸上的位置观测读数,记入观测簿相应栏,并做时间记号。做时间记号和换自记纸的方法同气压计。

8.6.3 维护

在严寒时,由于室外气温较低,自记钟会发生停摆现象,这常是润滑油在轴上冻凝所致。遇到这种情况,应换用备份自记钟;将停摆的自记钟进行清洗,并在轴和轴孔里加抗凝的钟表油。如气象站无备份自记钟,可将自记钟拿回室内,盖住钟筒的上下孔(以免机件蒙上水汽),等自记钟接近室温后,将孔打开,在轴和轴孔里放一滴汽油,使机件滑润后恢复走动。但以后必须对这一自记钟进行清洗,以免机件生锈。

当记录值与实测值相比较,误差超过1.0℃时,应及时调整仪器笔位。

其他同气压计有关部分。

8.7 铂电阻温度传感器

8.7.1 结构原理

铂电阻温度传感器是根据铂电阻的电阻值随温度变化的原理来测定温度的。铂电阻丝烧制在细小的玻璃棒或磁板上,外面有金属保护管。铂电阻在0℃时的电阻值 R_0 为100 Ω,以0℃作为基点温度,在

温度 t 时的电阻值 R_t 为

$$R_t = R_0(1 + \alpha t + \beta t^2) \tag{8.1}$$

式中 α,β 为系数。经标定,可以求出其值。

8.7.2 安装与维护

温度传感器用支架安装在百叶箱或防辐射罩内,感应元件的中心部分离地面高度1.5 m。传感器的连接电缆要连接、固定牢靠。

维护方法与百叶箱干球温度表的维护中第(2)项相同。

8.8 毛发湿度表

毛发湿度表是根据脱脂人发能随空气湿度大小而改变长度的特性,用人发制成的测定空气相对湿度的仪器(见图8.8)。

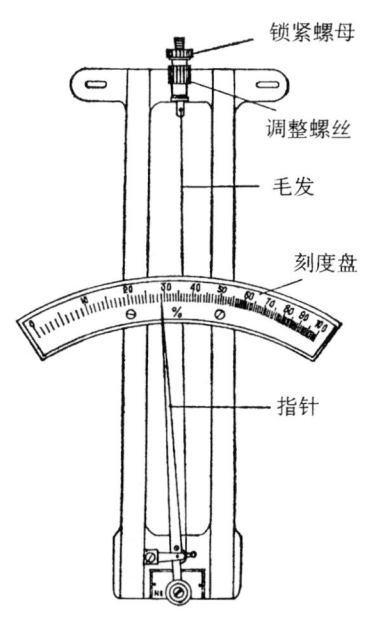

图 8.8 毛发湿度表

8.8.1 安装

凡冬季使用毛发湿度表做正式记录的气象站,应配备两个毛发湿度表,并妥为保管。

在气温降到 −10.0 ℃ 的多年平均日期以前约一个半月内,用软刷蘸蒸馏水对毛发湿度表的毛发进行预湿,并将两个毛发湿度表都安装好。一个作为现用表垂直地悬挂在温度表支架的上横梁上,表的上部用螺钉固定;另一个固定在百叶箱南壁上或备份百叶箱内。若现用毛发湿度表出现故障,可将备份毛发湿度表安装到温度表支架上。

8.8.2 观测和记录

(1)按毛发表指针指示的位置观测读数,记入观测簿相应栏。观测读数取百分数的整数。观测时,如果怀疑指针由于轴的摩擦或针端碰到刻度尺而被卡住,可以在读数后轻轻地敲一下毛发湿度表架,或小心地把指针向左边(刻度小的一端)轻拨一下,如发现它停在新的位置上,说明有摩擦现象,应重新读数,更改记录,并将仪器情况记入观测簿备注栏。

如果读数时发现指针超出刻度的范围,应当用外延法读数,若为上超,按90到100的刻度尺距离外延到110;若为下超,按10到0的刻度距离外延到 −10。估计指针相当在延伸刻度那一个分划线上,得出的读数记入观测簿相应栏。

(2)毛发湿度表读数的订正:冬季用毛发湿度表(湿度计同)测湿时,为了获得较正确的湿度记录,毛发湿度表(计)的读数须用订正图法加以订正。经订正后记入观测簿相对湿度栏。定时观测记录应待当月订正图作出后,用其进行订正;在编发天气报告或加密天气报告时,为了及时发报,可临时使用上月订正图查出编报所需湿度。

8.8.3 毛发湿度表(计)的订正图

(1)订正图的编制方法:在气温降到-10.0℃的多年平均日期以前约一个半月内,用每天定时观测的干湿球温度表测得的相对湿度和毛发湿度表(计)读数来编制订正图。用一张方格纸(见图8.9),以纵坐标表示干湿球温度查算出的相对湿度,横坐标表示毛发湿度表(计)读数,用每次的毛发湿度表(计)读数和干湿球温度查算出的相对湿度依次点在坐标纸上相应的交点上(重复的点子要用小点子点在原有点子的旁边,不能不点)。全图点子要有100个或以上,以02、08、14、20时的记录为主。若个别区段点子偏少,则应从其他时次记录中选取相应的点子进行补充。

如果仪器情况良好,观测准确,这些点子就会密集在由左下角到右上角的一条狭带内,狭带与横坐标轴约成45°。穿过狭带正中,画一均匀平滑的线,使两侧点数大致相等(离开密集点相当远的点子,画线时不必考虑)。这根线就是毛发湿度表(计)读数的订正线。

当空气温度降低到-10.0℃以下时,就可以根据毛发湿度表(计)的读数,利用这条订正线,求出经过订正的相对湿度。

为了使用方便,可以根据订正线,事先做好一张换算表(见图8.9右下方)。表的最左一行和最上一行,是毛发湿度表(计)的读数(直行为十位数,横行为个位数),表中纵横相交的格子中,就是毛发湿度表(计)的读数经过订正的相对湿度。例如毛发湿度表(计)读数为67%,由换算表中查出经过订正的相对湿度为68%。

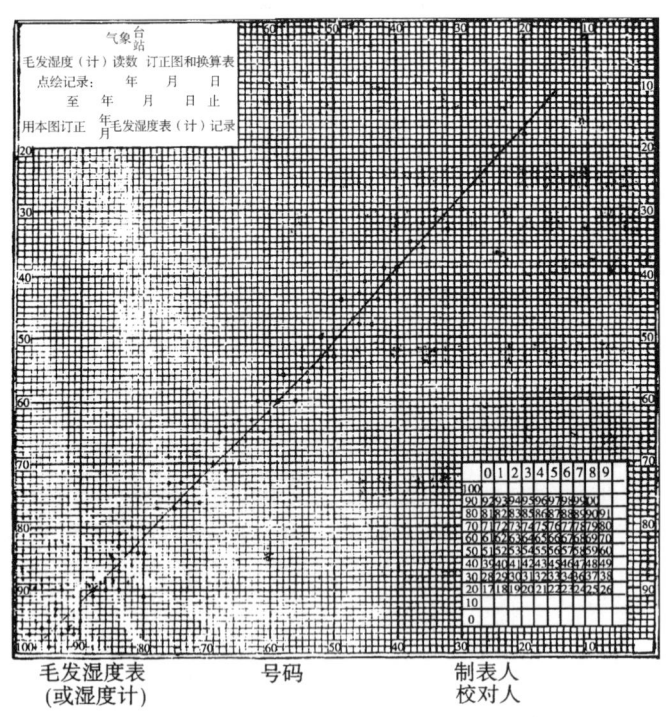

图8.9 毛发湿度表订正图编制示意图

(2)制作订正图的要求

①订正图上必须注明绘制订正图所根据的记录起止日期,仪器号码和用来订正哪几个月的毛发湿度表(计)的示度,以备查考。

②使用毛发湿度表(计)测定湿度期间,当气温≥-10.0℃时,必须用干湿球温度表与毛发湿度表

(计)同时测定湿度,并点绘订正图。

若某月气温≥-10.0℃的记录在100次或以上时(包括补充天气报告观测记录),一律使用本月的记录绘制订正图。

如果本月气温≥-10.0℃的记录不足100次时,应向前或向后顺延,用接近本月的上月或下月日子的若干点子凑满100点,来点绘订正图。

③当毛发湿度表(计)因示值超过100%而用外推法读数的记录,在制作订正图时,应按外推的实际读数点绘,方法如图8.10,而图8.11的点绘方法是错误的。

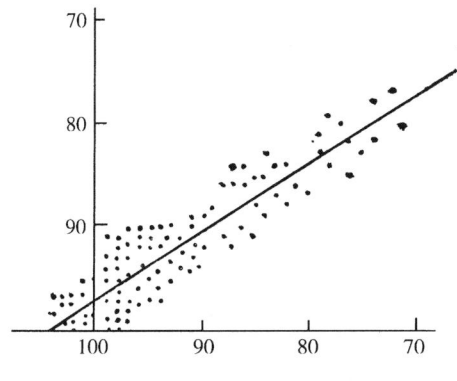

图8.10 订正图点绘方法示意图   图8.11 错误的点绘方法示意图

(3)判断订正图能否使用的原则

①若订正图上的点子分布过于分散,应根据在订正线(±5%的区域内(见图8.12))的点子,是否达到或超过总点子数的三分之二来确定,若不足三分之二,这张图不能使用。

②订正线突然变化,即毛发湿度表(计)数值变化1%,而换算后的相对湿度值却变化了6%或以上的(见图8.13),则该图不能使用。

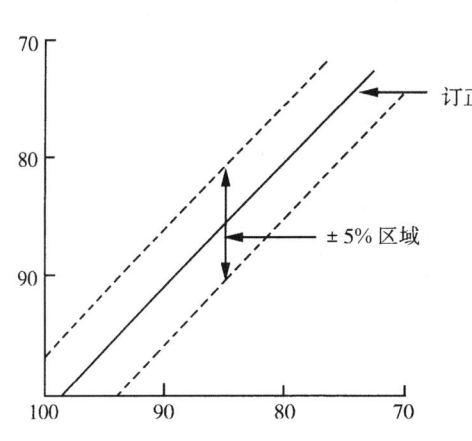
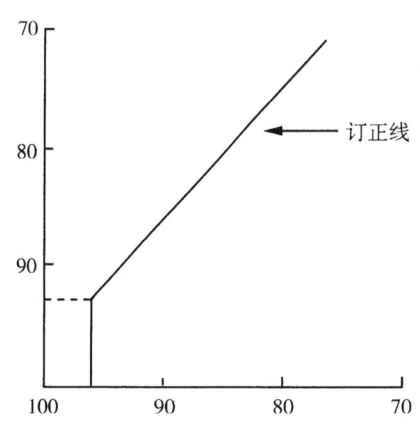

图8.12 以订正线为准±5%示意图   图8.13 订正线突然变化示意图

③订正线弯弯曲曲以致订正值不连续者,该图不能使用。

若系毛发湿度表(计)中途发生非性能变化造成的,应将变化前的记录点绘一张订正图(不足100点时,向前沿用上月记录补足),将变化后的记录点绘另一张订正图(不足100点时,向后沿用下月记录补足),绘制出两张订正图分别订正前后两段记录;若系毛发湿度表本身性能变劣,则应使用备份毛发表或毛发湿度计代替(并须绘制订正图订正),如果没有其他湿度记录可供代替时,则记录从缺。

(4)现用和备份毛发湿度表应当同时进行观测,并分别编制毛发湿度表的订正图。当备份的毛发湿度表也失效时,可使用湿度计测定湿度。采用毛发湿度计作为观测记录时,亦应编制订正图。观测时发现毛发湿度表、备份毛发湿度表和湿度计均因故损坏,气温虽在-10.0℃以下,仍可用干湿球温度表读数查算湿度,并在观测簿备注栏注明。

(5)自动站进入单轨业务运行后,北方冬季原使用毛发湿度表观测空气湿度的台站,仍保留毛发湿度表,并按时采用湿敏电容传感器测定相对湿度记录和毛发湿度表读数制作订正图、订正表和订正系数。

8.8.4 计算机编制毛发湿度表(计)订正图

配备计算机的人工观测站,通过运行业务软件,在输入干湿球温度表读数与毛发湿度表(计)读数后,会自动绘制订正图,并求出订正系数,再按照附录2中给出的回归方程自动计算出相对湿度。但要打印输出毛发湿度表(计)订正图和换算表,以备人工查算用。

8.8.5 维护

(1)禁止用手触摸毛发,以免手上的油脂覆盖毛发小孔,影响其正常感应。

(2)如果毛发及其部件上附有雾凇、冰或水滴,应轻敲金属架,使它脱落;或从百叶箱拿回室内,使它慢慢地干燥。但须注意不能使表接近炉子,也绝不能触及毛发,要等到干燥后,再把它放回原处。

(3)毛发湿度表不用时,应放在盒子里。如果没有盒子,应把指针移向左边,使毛发放松,并用手指将指针贴紧刻度尺,用线绳扎住,或将指针卡在刻度尺的后面,妥善包装保存。

(4)空气湿度很大时,如果毛发湿度表的指针常超出刻度范围,应调整示度。调整示度应选在编制订正图前,相对湿度在70%或以上时进行,方法是:旋动调整螺丝,将指针往小的刻度方向调,调整的幅度按超出刻度的最大范围再加上3%来定。在正式编制订正图和冬季正式使用时,则不能进行调整。

8.9 湿度计

湿度计是自动记录相对湿度连续变化的仪器,它由感应部分(脱脂人发),传动机械(杠杆曲臂),自记部分(自记钟、纸、笔)组成(见图8.14)。

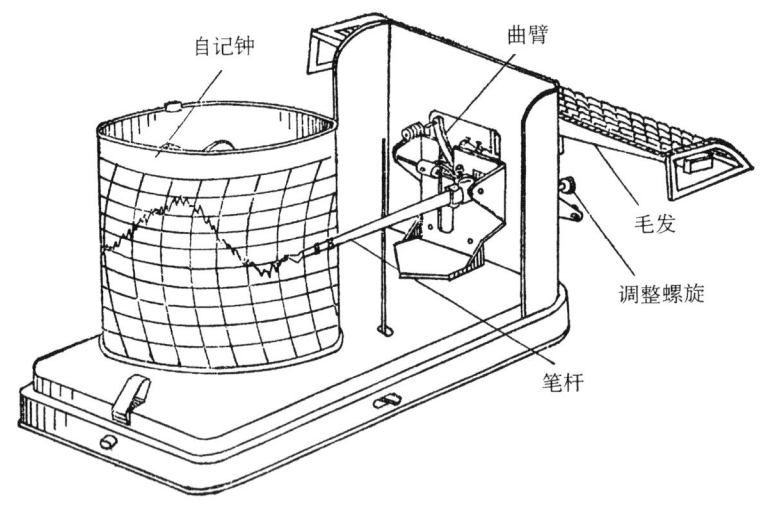

图8.14 湿度计

8.9.1 安装

湿度计应稳固地安装在大百叶箱内上面的架子上,底座保持水平。

8.9.2 观测和记录

02、08、14、20时4次(一般站08、14、20时3次)定时观测时,根据笔尖在自记纸上的位置观测读数,记入观测簿相应栏,并做时间记号,方法同气压计。换自记纸的方法同气压计。

读数时,若湿度计笔尖超出自记纸下沿(0%),但未靠着钟筒的底沿;或笔尖超出自记纸上沿(100%),但未超出自记纸,则按外延法读数,并进行订正;若笔尖已抵靠钟筒底沿或超出自记纸上沿,除按外延法读数并进行订正外,还需在备注栏中注明。订正后的值>100时,记为100;<0时,记为0。

第8章 空气温度和湿度

8.9.3 日最小相对湿度的挑选方法

(1) 在1日(20~20时)自记迹线中的最低处,标出箭头并读数。

(2) 进行仪器差订正,方法同气压自记记录。但冬季用湿度计读数(经订正图订正)作为定时观测的相对湿度正式记录时,该月的日最小相对湿度也用订正图订正求得。

(3) 若经订正后的最小相对湿度,仍大于该日某次定时(基准站和自动气象站均为24次)记录时,应直接挑该定时记录作为日最小相对湿度。

(4) 若订正后的最小相对湿度<0时,记为0。

8.9.4 维护

(1) 遇毛发脱钩时,应立即用镊子使其复位。

(2) 一般每季度用洁净毛笔蘸蒸馏水(或加适量酒精)清洗毛发一次(注意不要影响日极值的挑选);当有沙尘暴、扬沙等天气影响,使毛发变脏时,应及时清洗。冬季使用湿度计测定湿度的气象站,在点绘和使用订正图期间不清洗。

(3) 当记录值与实测值相比较,误差较大时,应及时调整仪器笔位。

其他同温度计及毛发湿度表的有关部分。

8.10 湿敏电容湿度传感器

8.10.1 结构原理

湿敏电容湿度传感器是用有机高分子膜做介质的一种小型电容器(图8.15)。

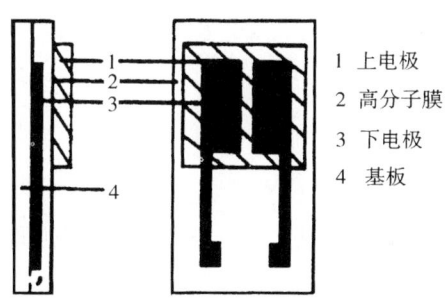

图8.15 湿敏电容湿度传感器

湿敏电容器上电极是一层多孔金膜,能透过水汽;下电极为一对刀状或梳状电极,引线由下电极引出。基板是玻璃。整个感应器是由两个小电容器串联组成。

传感器置于大气中,当大气中水汽透过上电极进入介电层,介电层吸收水汽后,介电系数发生变化,导致电容器电容量发生变化。电容量的变化正比于相对湿度。

在某些自动气象站中,铂电阻温度传感器与湿敏电容湿度传感器制作成为一体。

8.10.2 安装与维护

湿敏电容传感器应安装在百叶箱内,传感器的中心点离地面1.50 m。

湿敏电容传感器的头部有保护滤纸,防止感应元件被尘埃污染。每月应拆开传感器头部网罩,若污染严重应更换新的滤纸。禁止手触摸湿敏电容,以免影响正常感应。

8.11 遥测通风干湿球传感器

8.11.1 结构原理

通风干湿球传感器中的干球和湿球感应元件是性能相同的两支铂电阻。该传感器的结构如图8.16。传感器上部装有贮水箱,可自动上水;电阻温度表水平安装,与气流方向垂直,有利于热交换。湿球温度表的感应部分套有纱布套,并从纱布套的两端润湿,这样可使湿球的润湿更加均匀,与气流的接触面也增大,通风器定时通风,通风速度大于3.5 m/s。实验表明该干湿表常数为:$(6.88 \pm 0.22) \times$

$10^{-4}℃^{-1}$。

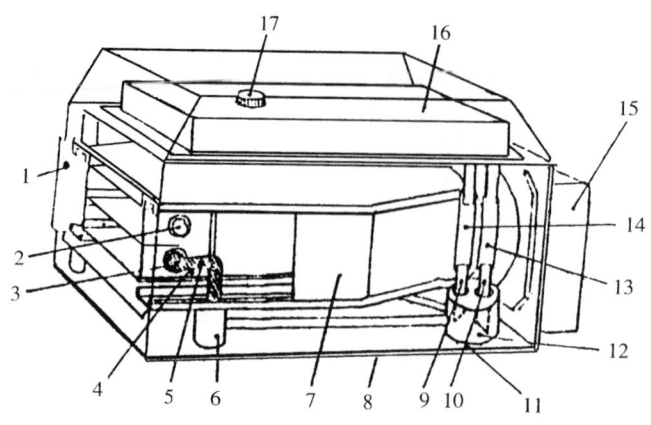

图 8.16 通风干湿球传感器结构图

1. 外通道活动板 2. 干球铂电阻 3. 湿球铂电阻 4. 内通道 5. 湿球纱布套 6. 小水杯 7. 外通道 8. 外壳 9. 气管 10. 水管 11. 放水嘴 12. 下水槽 13. 水管上胶管 14. 气管上胶管 15. 电机 16. 储水槽 17. 上水口盖

8.11.2 安装与维护

遥测通风干湿球传感器安装在百叶箱内,干球的中心线离地面 1.50 m。每天要定时巡视一次贮水箱的水位,当水位影响到润湿湿球纱布时,要及时加水。每周要给湿球换纱布。在污染较重的地方,要缩短更换纱布的期限。每天要定时检查一次通风电机,看它是否能定时启动。

当气温接近 0℃时,该传感器停用,要将水箱的水放干净,以免冻裂水箱。

8.12 通风干湿表

8.12.1 结构原理

通风干湿表主要用于野外考察或自动气象站在气温或湿度采集出现故障时进行补测时使用。它由干湿球温度表、通风装置、金属套管、双层保护管和上水滴管等组成(见图 8.17)。其作用、原理与百叶箱干湿球温度表基本相同。主要不同处是:温度表球部装在与风扇相通的管形套管中,利用机械或电动通风装置,使风扇获得一定转速,球部处于 ≥2.5 m/s(电动通风可达 3 m/s 以上)的恒定速度的气流中。由于球部双层金属护管表面镀有镍或铬,是良好的反射体,能防止太阳对仪器的直接辐射。

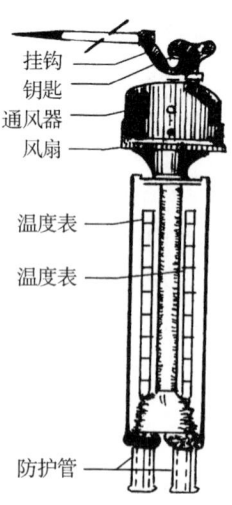

图 8.17 通风干湿表

8.12.2 观测记录

观测前,先把仪器悬挂在百叶箱或观测场内,感应部分高度1.50 m。在读数前4~5分钟用滴管湿润湿球纱布,然后上好风扇发条(或接通电源)。上发条切忌过紧。观测时应注意不要让风把观测者自身热量带到通风管中去。当气温低于0℃时,为使温度表充分感应外界情况,应于观测前半小时,湿润纱布并上好发条。然后在观测前4分钟再通风一次,但不再润湿纱布。观测时应注意湿球是否结冰,示度是否稳定。

当风速大于4 m/s时,应将防风罩套在风扇迎风面的缝隙上,使罩的开口部分与风扇旋转方向一致,这样就不会影响风扇的正常旋转。

记录处理方法同干湿球温度表。

8.12.3 维护与检查

仪器的金属部分,特别是下端保护管的镀镍面应细心保护,使其不要受到任何损伤。每次观测后,应用纱布擦净外壳,并放回盒中。从盒中取出仪器时,应拿着风扇帽盖下的颈部,不要捏在金属护板处,也不能用手触摸防护管。

注意定期检查风扇旋转是否正常。可以用风扇中央的发条盒旋转速度来判断,在发条盒上绘有短划或箭头,从圆顶上小窗孔可以看到。上发条后,发条盒每转一周的时间,如果与检定证上所给的时间相差不到5秒钟,则可认为风扇转速正常。如果转速显著降低则应进行修理。

湿球纱布应经常保持清洁。

第9章 风向和风速

9.1 概述

空气运动产生的气流,称为风。它是由许多在时空上随机变化的小尺度脉动叠加在大尺度规则气流上的一种三维矢量。

地面气象观测中测量的风是两维矢量(水平运动),用风向和风速表示。

风向是指风的来向,最多风向是指在规定时间段内出现频数最多的风向。人工观测,风向用十六方位法;自动观测,风向以度(°)为单位。

风速是指单位时间内空气移动的水平距离。风速以米/秒(m/s)为单位,取1位小数。最大风速是指在某个时段内出现的最大10分钟平均风速值。极大风速(阵风)是指某个时段内出现的最大瞬时风速值。瞬时风速是指3秒钟的平均风速。

风的平均量是指在规定时间段的平均值,有3秒钟、1分钟、2分钟和10分钟的平均值。

人工观测时,测量平均风速和最多风向。配有自记仪器的要做风向、风速的连续记录并进行整理。

自动观测时,测量平均风速、平均风向、最大风速、极大风速。

测量风的仪器主要有EL型电接风向风速计、EN型系列测风数据处理仪、海岛自动测风站、轻便风向风速表、单翼风向传感器和风杯风速传感器等。

当没有测定风向、风速的仪器,或虽有仪器但因故障而不能使用时,可按照附录3目测风向和风力。

9.2 EL型电接风向风速计

9.2.1 结构

EL型电接风向风速计是由感应器、指示器、记录器组成的有线遥测仪器。

感应器由风向和风速两部分组成(见图9.1)。风向部分由风标、风向方位块、导电环、接触簧片等组成;风速部分由风杯、交流发电机、蜗轮等组成。

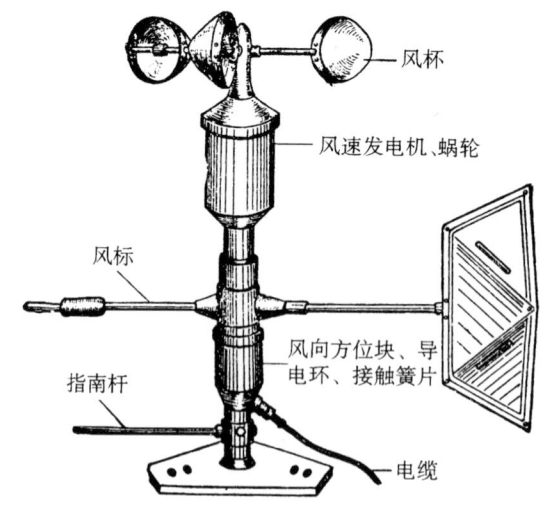

图9.1 EL型风向风速计感应部分

指示器由电源、瞬时风向指示盘、瞬时风速指示盘等组成(见图9.2)。

记录器由8个风向电磁铁、一个风速电磁铁、自记钟、自记笔、笔挡、充放电线路等部分组成(见图9.3)。

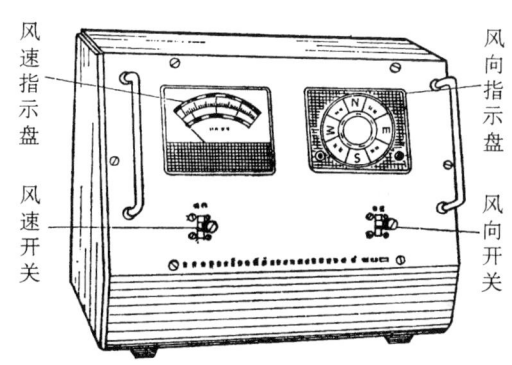

图 9.2　EL 型风向风速计指示器

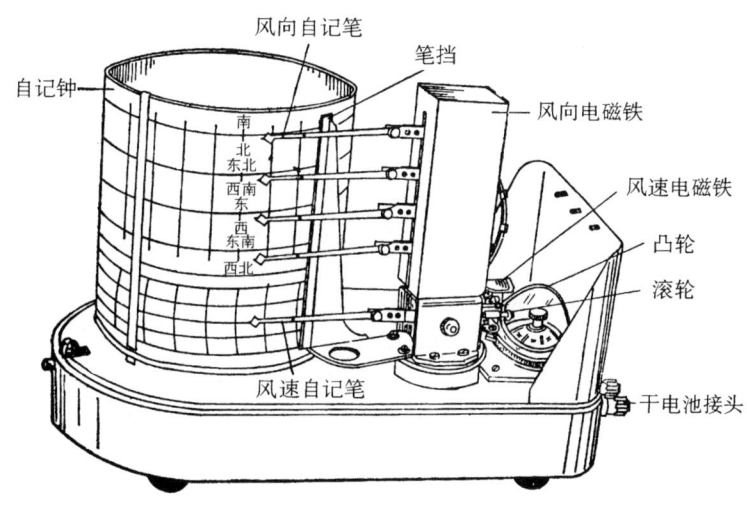

图 9.3　EL 型风向风速计记录器

9.2.2　安装

(1) 安装前应进行运转试验,如运转正常,方可进行安装。

(2) 感应器应安装在牢固的高杆或塔架上,并附设避雷装置。风速感应器(风杯中心)距地高度 10～12 m;若安装在平台上,风速感应器(风杯中心)距平台面(平台有围墙者,为距围墙顶)6～8 m,且距地面高度不得低于 10 m。

(3) 感应器中轴应垂直,方位指南杆指向正南。为检查校正方位,应在高杆或塔架正南方向的地面上,固定一个小木桩作标志。

(4) 指示器、记录器应平稳地安放在值班室内桌面上,用电缆与感应器相连接;电缆不能架空,必须走电缆沟(管)。

(5) 电源使用交流电(220 V)或干电池(12 V)。若使用干电池,应注意正负极不能接错。

9.2.3　观测记录和换纸

(1) 观测记录

打开指示器的风向、风速开关,观测两分钟风速指针摆动的平均位置,读取整数,小数位补零,记入观测簿相应栏中。风速小的时候,把风速开关拨在"20"挡,读 0～20 m/s 标尺刻度;风速大时,应把风速开关拨在"40"挡,读 0～40 m/s 标尺刻度。观测风向指示灯,读取两分钟的最多风向,用十六方位对应符号记录(见表 9.1)。

表9.1 风向符号与度数对照表

方位	符号	中心角度/°	角度范围/°
北	N	0	348.76~11.25
北东北	NNE	22.5	11.26~33.75
东北	NE	45	33.76~56.25
东东北	ENE	67.5	56.26~78.75
东	E	90	78.76~101.25
东东南	ESE	112.5	101.26~123.75
东南	SE	135	123.76~146.25
南东南	SSE	157.5	146.26~168.75
南	S	180	168.76~191.25
南西南	SSW	202.5	191.26~213.75
西南	SW	225	213.76~236.25
西西南	WSW	247.5	236.26~258.75
西	W	270	258.76~281.25
西西北	WNW	292.5	281.26~303.75
西北	NW	315	303.76~326.25
北西北	NNW	337.5	326.26~348.75
静风	C	风速小于或等于0.2 m/s	

静风时,风速记0.0,风向记C;平均风速超过40.0 m/s,则记为>40.0,作日合计、日平均时,按40.0统计。

因电接风向风速计故障,或冻结现象严重而不能正常工作时,可用轻便风向风速表进行观测,并在备注栏注明。

(2)自记纸的更换

方法步骤基本同气压计。不同点是:

①笔尖在自记纸上做时间记号是采用下压风速自记笔杆的方法;

②换纸后不必用逆时针法对时;

对准时间后必须将钟筒上的压紧螺帽拧紧。

9.2.4 自记纸的整理

(1)时间差订正

以实际时间为准,根据换下自记纸上的时间记号,求出自记钟在24小时内的计时误差,按变差分配到每个小时,再用铅笔在自记迹线上做出各正点的时间记号。

当自记钟在24小时内的计时误差≤20分钟时,不必进行时间差订正。但要尽量找出造成误差的原因,并加以消除。

(2)各时风速

计算正点前10分钟内的风速,按迹线通过自记纸上平分格线的格数(1格相当于1.0 m/s)计算。例如通过5格记5.0,$3\frac{1}{3}$格记3.3,$2\frac{2}{3}$格记2.7。风速划平线时记0.0,同时风向记C。

风速自记部分是按空气行程200 m电接1次,风速自记笔相应跳动1次来记录的。如10分钟内跳动1次,风速便是0.3 m/s(即200 m/600s);如10分钟内笔尖跳动两次,风速便是0.7 m/s(即400 m/600s)。因此,风速的小数位只能是0、3和7。

因风速记录机构失调而造成风速笔尖跳动1次就上升或下降一格,或跳动3次上升或下降两格等现象时,应根据风速笔尖在10分钟内跳动的实际次数(不是格数)来计算风速。如:某正点前10分钟内风速笔尖跳动4次,但通过的水平分格线是4格,则该时风速应是1.3,而不能计算为4.0。

(3) 各时风向

从各正点前 10 分钟内的 5 次风向记录中挑取出现次数最多的。如最多风向有两个出现次数相同,应舍去最左面的 1 次划线,而在其余四次划线中来挑取;若仍有两个风向相同,再舍去左面的 1 次划线,按右面的 3 次划线来挑取。如 5 次划线均为不同方向,则以最右面的 1 次划线的方向作为该时记录。

正点前 10 分钟内,风向记录中断或不正常(如风向笔尖漏跳),如属下列情况,可视为对正点记录无影响:

①风向漏跳两次,在未漏跳的 3 次划线中,方向是相同的;风向漏跳 1 次,其余的 4 次或其中 3 次划线为同一方向的;

②风向漏跳 1 次,在其余的 4 次划线中,前面的两次方向不同,后面的两次为同一方向的;或者剩余 4 次划线中,第三次、第四次为同一方向,其余为不同方向的;

③部分风向笔尖迹线虽有中断,但从实有的 5 次划线中挑取的最多风向为 NNE、ENE、ESE、SSE、SSW、WSW、WNW、NNW 之一的;

④风向记录有中断、连跳等情况发生时,但从实有记录中,参照上述方法可以判定对正点记录无影响的。

(4) 日最大风速

从每日(20~20 时)风速记录中迹线较陡的几处线段上,分别截取 10 分钟线段的风速进行比较,选出最大值作为该日 10 分钟最大风速,并挑取相应的风向,注明该时段的终止时间。

当日最大风速出现两次或以上相同时,可任挑其中 1 次的风向和终止时间。

挑取日最大风速,可跨日、跨月、跨年挑取,但只能上跨,不能下跨。例如:4 日 19:51 到 5 日 20:01 的风速是在 5 日任意 10 分钟内挑出的最大风速,则 5 日最大风速取这 10 分钟的风速及风向,时间记 20:01。

9.2.5 维护

(1) 因感应器与指示器是配套检定的,所以在撤换仪器时两者应同时成套撤换。

(2) 电源(串联的干电池)电压如已低于 8.5 V(测量电压时,要切断交流电源,打开风向扳键开关),就不能保证仪器正常工作,应全部调换新电池。干电池与整流电源并联使用时,要经常检查干电池。如锌壳发软或者有微量糊状物冒出,应立即更换以免腐蚀仪器。如经常发生这种情况,可能是电源电压太高或短路造成,应检查原因。如由于电源电压太高造成的,应改换电源变压器的输出抽头。如仍不见效,就不宜将干电池和整流电源并联使用。

(3) 如风向划线后笔尖复位超越基线过多,可能造成判断错误,应向里调节笔杆上的压力调整螺钉,以加大笔尖压力。如划线后回不到基线上,有起伏,就应调节螺钉减小笔尖压力。

(4) 风向方位块应每年清洁一次。如发现风向指示灯泡严重闪烁,或时明时暗时灭,应及时检查感应器内风向接触簧片的压力和清洁方位块表面。

(5) 更换风向灯泡时,应从八灯盘后面拧下正中的一个大螺钉,再把装灯泡的底板连同后半个胶木壳一起拔出来。换好灯泡后,重新放回时,应注意使前后两胶木壳的色点对准,否则灯泡相应的方位就会错乱。

调换风向指示灯泡时,要用同样规格(6~8 V,0.15 A)的,切不可使用超过 0.15 A 的灯泡。

(6) 五个笔尖不在同一时间线上时,应首先调好风速笔尖在笔杆上的位置,然后将风向笔尖沿笔杆移动与风速笔尖对齐。移动、清洗或调换笔尖时,均应注意勿使笔杆变形;感到难于拨动时,可先将笔杆拆下来,再细心处理。

(7) 自记钟的走时有较大误差,应调整快慢针。若偏慢较多,应检查套在钟轴上的双片大齿轮上下齿轮有无相对转动一个角度,钟机内的 2 分半钟自动开关对双凸轮的压力是否过大,并加以调节。若无效,应进行检修。

9.3 EN 型系列测风数据处理仪

EN 型系列测风数据处理仪与特定感应器配套可以组成 EN1 型和 EN2 型两种自动测风仪。主要功能有:定时打印输出 2 分钟、10 分钟平均风向、风速;打印输出大风报警、航危报大风报警及解除警报的风向、风速及其出现时间,发出报警信号;每天 20 时打印输出日极大风速、最大风速及相应的风向、出现时间,日合计、日平均,并可随时显示各种瞬时值和平均值,存储 24 小时风向、风速记录。可代替 EL 型电接风速风向计的记录器、指示器和大风报警器。

9.4 海岛自动测风系统

该系统是专门为测量海岛出现的强风而设计的,其特点是具有较好的测强风能力。

系统由两个部分组成:一个是自动采集部分,另一个是接收部分。采集部分由风向风速传感器、数据处理器、调制解调器、无线电收发讯机、太阳能板和蓄电池等组成。接收部分由计算机、调制解调器、无线电收发讯机和打印机组成。采集部分对风向风速传感器采样,然后计算出风向、风速的平均值。通过无线通讯实现采集数据到接收部分的传输。

有日照时,采集部分采用太阳能电池对蓄电池充电。

9.5 轻便风向风速表

轻便风向风速表,是测量风向和 1 分钟内平均风速的仪器,它用于野外考察或气象站仪器损坏时的备份。

仪器由风向部分(包括风向标、方位盘、制动小套)、风速部分(包括十字护架、风杯、风速表主机体)和手柄三部分组成(见图 9.4)。

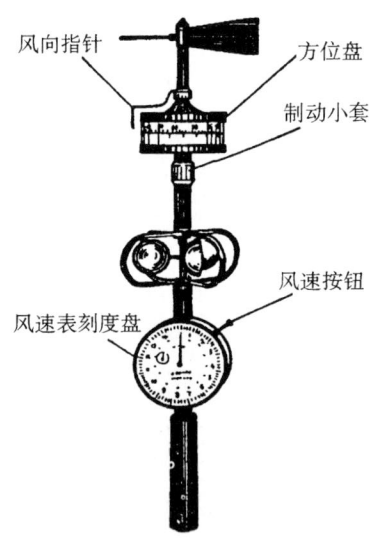

图 9.4 轻便风向风速表

9.5.1 观测和记录

(1)观测时应将仪器带至空旷处,由观测者手持仪器,高出头部并保持垂直,风速表刻度盘与当时风向平行;然后,将方位盘的制动小套向右转一角度,使方位盘按地磁子午线的方向稳定下来,注视风向标约 2 分钟,记录其摆动范围的中间位置。

(2)在观测风向时,待风杯转动约半分钟后,按下风速按钮,启动仪器,又待指针自动停转后,读出风速示值(m/s);将此值从该仪器订正曲线上查出实际风速,取 1 位小数。

(3)观测完毕,将方位盘制动小套向左转一角度,固定好方位盘。

9.5.2 维护

(1) 保持仪器清洁、干燥。若仪器被雨、雪打湿,使用后须用软布擦拭干净。

(2) 仪器应避免碰撞和震动。非观测时间,仪器要放在盒内,切勿用手摸风杯。

(3) 平时不要随便按风速按钮,在计时机构运转过程中亦不得再按该按钮。

(4) 轴承和螺帽不得随意松动。

(5) 仪器使用 120 小时后,须重新检定。

9.6 单翼风向传感器和风杯风速传感器

9.6.1 单翼风向传感器

风向感应器为单翼风标(见图 9.5)。当风标转动时,带动格雷码盘(常用七位,分辨率为 2.8°),按照码盘切槽的设计,码盘每转动 2.8°,光电管组就会产生新的七位并行格雷码输出。

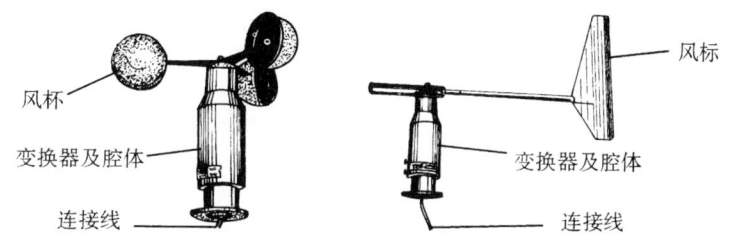

图 9.5 风向和风速传感器

9.6.2 风杯风速传感器

风速传感器采用三杯式感应器,风杯由碳纤维增强塑料制成(见图 9.5)。

当风杯转动时,带动同轴的多齿截光盘转动,使下面的光敏三极管有时接收到上面发光二极管发射的光线而导通,有时接收不到上面发光二极管照射来的光线而截止。这样就能得到与风杯转速成正比的脉冲信号,该脉冲信号由计数器计数,经换算后就能得出实际风速值。

还有一种风速计的工作原理是:当风杯转动时,带动同轴的磁棒旋转,在霍尔集成电路中感应出与风速成正比的脉冲信号,经计数器处理后,输出实际风速值。

9.6.3 安装

首先按照仪器技术手册规定的方法把两个传感器用法兰盘分别固定在长 1~1.5 m 的风传感器安装横臂的两端。传感器的电气连接线接入接线盒。然后再将横臂安装在风塔(杆)上。

安装时,中轴应垂直,横臂应水平,风向标的方位要对准正北。

传感器的信号电缆要捆扎在风杆上,不使电缆悬空挂着。

风杆顶端要安装避雷针,避雷针用紫铜线做下引线,顺风杆下来接到避雷针接地桩上。

9.6.4 维护

经常观察风杯和风向标转动是否灵活、平稳。发现异常时,换用备份传感器。

每年定期维护一次风传感器,清洗风传感器轴承;检查、校准风向标指北方位。

9.7 螺旋桨式风向风速感应器

该感应器的头部是一组螺旋桨叶片,风向标部分制成飞机机身相似的外形,保持良好的流线型。

在风向尾翼作用下,叶片旋转平面始终对准风的来向。叶片系统受到风压的作用,产生一定的扭力矩,使叶片旋转。转速与外界风速成正比。

第10章 降　水

10.1　概述

降水是指从天空降落到地面上的液态或固态(经融化后)的水。

降水观测包括降水量和降水强度的观测。

降水量是指某一时段内的未经蒸发、渗透、流失的降水,在水平面上积累的深度。以毫米(mm)为单位,取1位小数。

降水强度是指单位时间的降水量,通常测定5分钟、10分钟和1小时内的最大降水量。

气象站观测每分钟、时、日降水量。

常用测量降水的仪器有雨量器、翻斗式雨量计、虹吸式雨量计和双阀容栅式雨量传感器等。

10.2　雨量器

10.2.1　构造

雨量器是观测降水量的仪器,它由雨量筒与量杯组成(见图10.1)。雨量筒用来承接降水物,它包括承水器、贮水瓶和外筒。我国采用直径为20 cm正圆形承水器,其口缘镶有内直外斜刀刃形的铜圈,以防雨滴溅失和筒口变形。承水器有两种:一是带漏斗的承雨器,另一种不带漏斗的承雪器。外筒内放贮水瓶,以收集降水量。量杯为一特制的有刻度的专用量杯,其口径和刻度与雨量筒口径成一定比例关系,量杯有100分度,每1分度等于雨量筒内水深0.1 mm(见图10.1)。

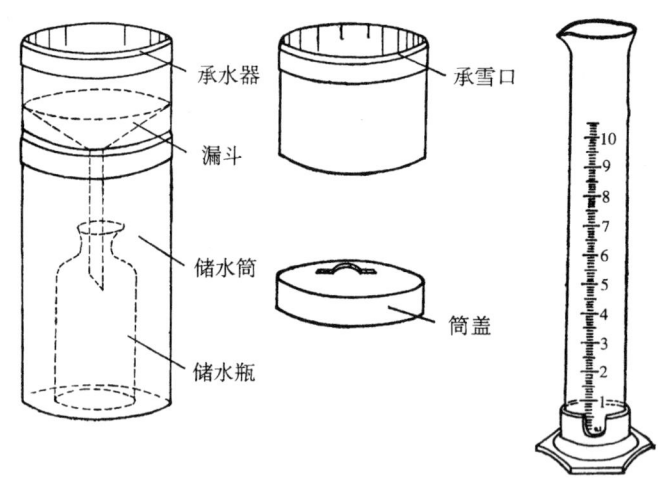

图10.1　雨量筒及量杯

10.2.2　安装

气象站雨量器安装在观测场内固定架子上。器口保持水平,距地面高70 cm。冬季积雪较深地区,应备有一个较高的备份架子。当雪深超过30 cm时,应把仪器移至备份架子上进行观测。

单纯测量降水的站点不宜选择在斜坡或建筑物顶部,应尽量选在避风地方。不要太靠近障碍物,最好将雨量仪器安在低矮灌木丛间的空旷地方。

10.2.3　观测和记录

(1)每天08、20时分别量取前12小时降水量。观测液体降水时要换取储水瓶,将水倒入量杯,要倒净。将量杯保持垂直,使人的视线与水面齐平,以水凹面为准,读得刻度数即为降水量,记入相应栏内。降水量大时,应分数次量取,求其总和。

(2)冬季降雪时,须将承雨器取下,换上承雪口,取走储水器,直接用承雪口和外筒接收降水。

观测时,将已有固体降水的外筒,用备份的外筒换下,盖上筒盖后,取回室内,待固体降水融化后,用量杯量取。也可将固体降水连同外筒用专用的台秤称量,称量后应把外筒的重量(或 mm 数)扣除。

(3)20 时降水量观测时和观测前无降水,而其后至 20 时正点之间(包括延续至次日)有降水;或 20 时观测时和观测前有降水,但降水恰在 20 时正点或正点之前终止。遇有以上两种情况时,应于 20 时正点补测一次降水量,并记入当日 20 时降水量定时栏,使天气现象与降水量的记录相配合。

(4)特殊情况处理

在炎热干燥的日子,为防止蒸发,降水停止后,要及时进行观测。

在降水较大时,应视降水情况增加人工观测次数,以免降水溢出雨量筒,造成记录失真。

无降水时,降水量栏空白不填。不足 0.05 mm 的降水量记 0.0。纯雾、露、霜、冰针、雾凇、吹雪的量按无降水处理(吹雪量必须量取,供计算蒸发量用)。出现雪暴时,应观测其降水量。

10.2.4 维护

(1)经常保持雨量器清洁,每次巡视仪器时,注意清除承水器、储水瓶内的昆虫、尘土、树叶等杂物。

(2)定期检查雨量器的高度、水平,发现不符合要求时应及时纠正;如外筒有漏水现象,应及时修理或撤换。

(3)承水器的刀刃口要保持正圆,避免碰撞变形。

10.3 翻斗式雨量计

10.3.1 双翻斗雨量传感器

(1)工作过程

双翻斗雨量传感器装在室外,主要由承水器(直径为 20 cm)、上翻斗、汇集漏斗、计量翻斗、计数翻斗和干簧管等组成(见图 10.2)。采集器或记录器(见图 10.3)在室内,两者用导线连接,用来遥测并连续采集液体降水量。

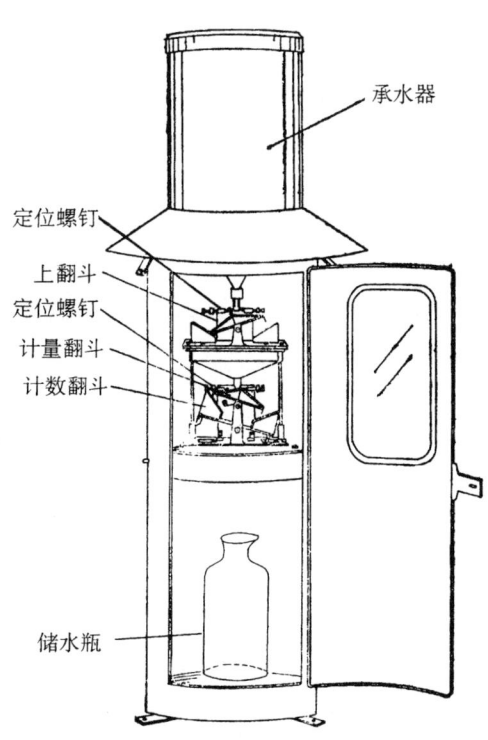

图 10.2 双翻斗雨量传感器

承雨器收集的降水通过漏斗进入上翻斗,当雨水积到一定量时,由于水本身重力作用使上翻斗翻转,

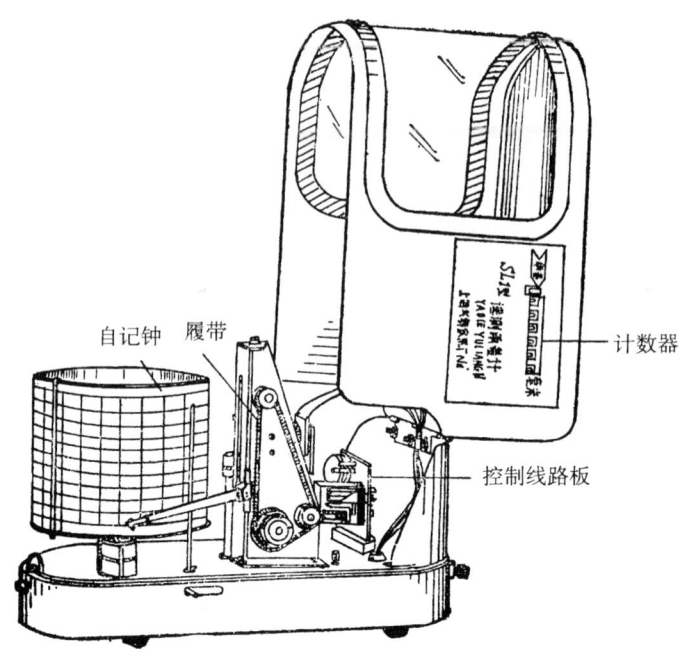

图 10.3 翻斗式遥测雨量计记录器

水进入汇集漏斗。降水从汇集漏斗的节流管注入计量翻斗时,就把不同强度的自然降水,调节为比较均匀的降水强度,以减少由于降水强度不同所造成的测量误差。当计量翻斗承受的降水量为 0.1 mm 时(也有的为 0.5 mm 或 1 mm 翻斗),计量翻斗把降水倾倒到计数翻斗,使计数翻斗翻转一次。计数翻斗在翻转时,与它相关的磁钢对干簧管扫描一次。干簧管因磁化而瞬间闭合一次。这样,降水量每次达到 0.1 mm 时,就送出去一个开关信号,采集器就自动采集存储 0.1 mm 降水量。

(2)安装与检查

先将承水器外筒安在观测场内,底盘用 3 个螺钉固定在混凝土底座或木桩上,要求安装牢固、器口水平。感应器安在外筒内,注意当上翻斗处于水平位置时,漏斗进水口应对准其中间隔板。最后将电缆线与室内仪器联接,电缆线不能架空,必须走电缆沟(管)。

安装完毕,将清水徐徐注入感应器漏斗,随时观察计数翻斗翻动过程,有无不发信号或多发信号现象。检查室内仪器上是否采集到数据。最后注入定量水(60~70 mm),如无不发信号或多发信号的现象,且室内仪器的数据与注入水量相符合,说明仪器正常,否则须检修调节。

双翻斗雨量传感器与记录器连接作为连续测量降水量的仪器称为双翻斗雨量计。

(3)记录器

如图 10.3 所示,由计数器、记录笔、自记钟、控制线路板等构成。记录器安在室内台架上。

检查记录器:插上控制线路板,将阻尼油(30 号机油)注满阻尼管,接上电源(交流与直流 12 V),用短导线在信号输入端断续进行短接;此时记录、计数应能同时工作。然后装上自记纸,用导线将传感器与记录器连接,把计量与计数翻斗倾于同一侧,将计数器复"0",自记笔调到零位。

(4)观测和记录整理

从计数器上读取降水量,供编发气象报告和服务使用,读数后按回零按钮,将计数器复位。复位后,计数器的五位 0 数必须在一条直线上。

自记记录供整理各时降水量及挑选极值用。

遇固态降水,凡随降随化的,仍照常读数和记录。否则,应将承水器口加盖,仪器停止使用(在观测簿备注栏注明),待有液体降水时再恢复记录。

自记纸的更换:

①1 日内有降水(自记迹线上升≥0.1 mm),必须换纸。换纸时有降水,在记录迹线终止和开始的一

端均用铅笔划一短垂线,作为时间记号;换纸时无降水,在新自记纸换上前拧动笔位调整旋钮,把笔尖调至"0"线上。

②换纸时遇强降雨,若自记纸尚有一部分可继续记录,则可等雨停或雨势转小后再换纸。如估计短时间内雨不会停也不会转小,则可拨开笔尖,转动钟筒,在原自记纸的开始端(此处须无降水记录,或有降水自记迹线不致重叠)对准时间,重新记录。待雨停或转小后,立即换纸。换下的自记纸应注明情况,分别在两天的迹线上标明日期,以免混淆。

③1 日内无降水时,可不换纸。每天在规定的换纸时间,先做时间记号,再拨开自记笔,旋转钟筒,重新对准时间;放回自记笔,拧动笔位调整旋钮(或按微调按钮),使自记笔上升约 1 mm 的格数,以免每日迹线重叠。无降水时,一张自记纸可连续使用 8~10 天。

仅因有雾、露、霜量使自记迹线上升 ≥0.1 mm 时,则不必换纸。但应在自记纸背面备注。

换纸其他要求同气压计。

自记纸的整理:

①时间差订正:凡 24 小时内自记钟计时误差达 1 分钟或以上时,自记纸均须做时间差订正。订正方法同风的自记纸整理。

②按上升迹线计算出两个正点记号间水平分格线实际上升的格数,即为该时降水量。如换纸时有降水,致使换纸时间内的降水量未记录上,这一部分量应作为换纸所在时段里的降水量。没有上升迹线的各时段空白。

③降雹时按自记迹线读取各时降水量,但应在自记纸背面注明降雹起止时间(夜间不守班的站,夜间降雹可只注明情况)。

(5)调整与维护

调整:新仪器(包括冬季停用后重新使用或调换新翻斗)工作 1 个月后的第一次大雨,应做精度对比,即将自身排水量与计数、记录值相比。如发现差值超过 ±4% 时,应首先检查记录器工作是否正常,计数与记录值是否相符,干簧管有无漏发或多发信号现象。如确是由于仪器的基点位置不正确所造成时,应做基点调整。

调整方法:旋动计量翻斗的两个定位螺钉。将一个定位螺钉旋动一圈,其差值改变量为 3% 左右;如两个定位螺钉都往外或往里旋动一圈,其差值改变量为 6% 左右。

如差值($\frac{排水量 - 计数值}{排水量} \times 100\%$)是负 2% 时,可将其中的一个定位螺钉往外旋动 2/3 圈。

如差值是正 6% 时,可将两个定位螺钉都往里旋动一圈。

为使调节位置准确,在松开定位螺帽前,需在定位螺钉上做位置记号。调节好后,需拧紧定位螺帽。

每一次降水过程将计数值与自身排水总量比较,如多次发现 10 mm 以上降水量的差值超过 ±4%,则应及时进行检查。必要时应调节基点位置。

仪器每月至少定期检查一次,清除过滤网上的尘沙、小虫等以免堵塞管道,特别要注意保持节流管的畅通。无雨或少雨的季节,可将承水器口加盖,但注意在降水前及时打开。翻斗内壁禁止用手或其他物体抹试,以免沾上油污。

如用干电池供电,必须定期检查电压。如电压低于 10 V,应更换全部电池,以保证仪器正常工作。

结冰期长的地区,在初冰前将感应器的承水器口加盖,不必收回室内,并拔掉电源。

其他同雨量器。

10.3.2 单翻斗雨量传感器

(1)构造原理

该传感器也是用来自动测量降水量的仪器,主要由承水器(口面积为 200 cm^2)、过滤漏斗、翻斗、干簧管、底座和专用量杯等组成(见图 10.4)。降水通过承水器,再通过一个过滤斗流入翻斗里,当翻斗流入一定量的雨水后,翻斗翻转,倒空斗里的水,翻斗的另一个斗又开始接水,翻斗的每次翻转动作通过干簧管转成脉冲信号(1 脉冲为 0.1 mm)传输到采集系统。仪器测量范围 0~4 mm/min。

（2）安装与维护

单翻斗雨量传感器应安装在观测场内预制水泥座上（图10.4）筒口离地70 cm高，保持筒口水平。

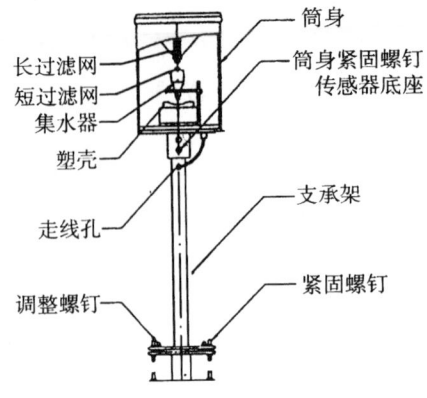

图 10.4　单翻斗雨量传感器

维护参照双翻斗雨量传感器。

10.4　虹吸式雨量计

10.4.1　构造原理

虹吸式雨量计是用来连续记录液体降水的自记仪器，它由承水器（通常口径为 20 cm）、浮子室、自记钟和虹吸管等组成（见图 10.5）。

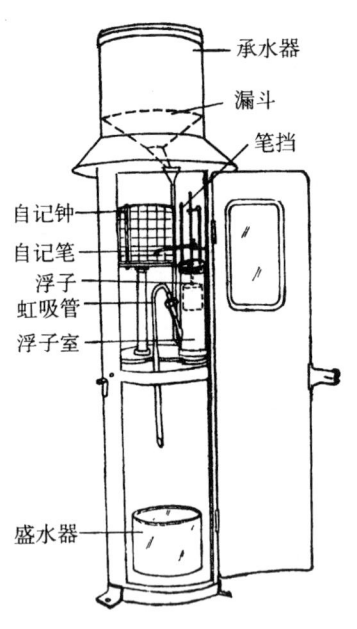

图 10.5　虹吸式雨量计

有降水时，降水从承水器经漏斗进水管引入浮子室。浮子室是一个圆形容器，内装浮子，浮子上固定有直杆与自记笔连接。浮子室外连虹吸管。降水使浮子上升，带动自记笔在钟筒自记纸上划出记录曲线。当自记笔尖升到自记纸刻度的上端（一般为 10 mm）浮子室内的水恰好上升到虹吸管顶端。虹吸管开始迅速排水，使自记笔尖回到刻度"0"线，又重新开始记录。自记曲线的坡度可以表示降水强度。由于虹吸过程中落入雨量计的降水也随之一起排出，因此要求虹吸排水时间尽量快，以减少测量误差。

10.4.2　安装与检查

仪器安装的地方和要求与翻斗式遥测雨量计相同。

内部机件的安装：先将浮子室安好，使进水管刚好在承水器漏斗的下端；再用螺钉将浮子室固定在座板上;将装好自记纸的钟筒套入钟轴;最后把虹吸管插入浮子室的侧管内,用连接螺帽固定。虹吸管下部放入盛水器。

开始使用前必须按顺序进行调整检查:

(1)调整零点,往承水器里倒水,直到虹吸管排水为止。待排水完毕,自记笔若不停在自记纸零线上,就要拧松笔杆固定螺钉,把笔尖调至零线再固定好。

(2)用10 mm清水,缓缓注入承水器,注意自记笔尖移动是否灵活;如摩擦太大,要检查浮子顶端的直杆能否自由移动,自记笔右端的导轮或导向卡口是否能顺着支柱自由滑动。

(3)继续将水注入承水器,检查虹吸管位置是否正确。一般可先将虹吸管位置调高些,待10 mm水加完,自记笔尖停留在自记纸10 mm刻度线时,拧松固定虹吸管的连接螺帽,将虹吸管轻轻往下插,直到虹吸作用恰好开始为止,再固定好连接螺帽。此后,重复注水和调节几次,务必使虹吸作用开始时自记笔尖指在10 mm处,排水完毕时笔尖指在零线上。

10.4.3 观测和记录

自记记录供自动站雨量缺测时,整理各时降水量及挑选极值用。遇固体降水时,处理方法同翻斗式遥测雨量计。

(1)自记纸的更换

①无降水时,自记纸可连续使用8~10天,用加注1.0 mm水量的办法来抬高笔位,以免每日迹线重叠。

②有降水(自记迹线上升≥0.1 mm)时,必须换纸。自记记录开始和终止的两端须做时间记号,可轻抬自记笔根部,使笔尖在自记纸上划一短垂线;若记录开始或终止时有降水,则应用铅笔做时间记号。

③当自记纸上有降水记录,但换纸时无降水,则在换纸前应作人工虹吸(给承水器注水,产生虹吸),使笔尖回到自记纸"0"线位置。若换纸时正在降水,则不作人工虹吸。

④其他同翻斗式遥测雨量计。

(2)自记纸的整理

①在降水微小的时候,自记迹线上升缓慢,只有累积量达到0.05 mm或以上的那个小时,才计算降水量。其余不足0.05 mm的各时栏空白。

②其他同翻斗式遥测雨量计。

10.4.4 维护

(1)在雨季,每月应将盛水器内的自然排水进行1~2次测量,并将结果记在自记纸背面,以备使用资料时参考。如有较大误差且非自然虹吸所造成,则应设法找出原因,进行调整或修理。

(2)虹吸管与浮子室侧管连接处应紧密衔接,虹吸管内壁和浮子室内不得沾附油污,以防漏水或漏气而影响正常虹吸。浮子直杆与浮子室顶盖上的直柱应保持清洁,无锈蚀;两者应保持平行,以减小摩擦,避免产生不正常记录。

在初结冰前,应把浮子室内的水排尽;冰冻期长的地区,应将内部机件拆回室内保管。

10.5 双阀容栅式雨量传感器

该传感器也是用来自动测量降水量的仪器,主要由承水器、贮水室、浮子与感应极板,以及信号处理电路等组成(见图10.6)。

它是利用降水量贮水室内浮子随雨量上升带动感应极板,使容栅移位传感器产生的电容量变化,经转换为位移计量的原理测得降水量。

安装要求参照翻斗式遥测雨量计。安装后用电缆与室内仪器连接。使用时注意维护仪器清洁,定期清洗过滤网与贮水室。

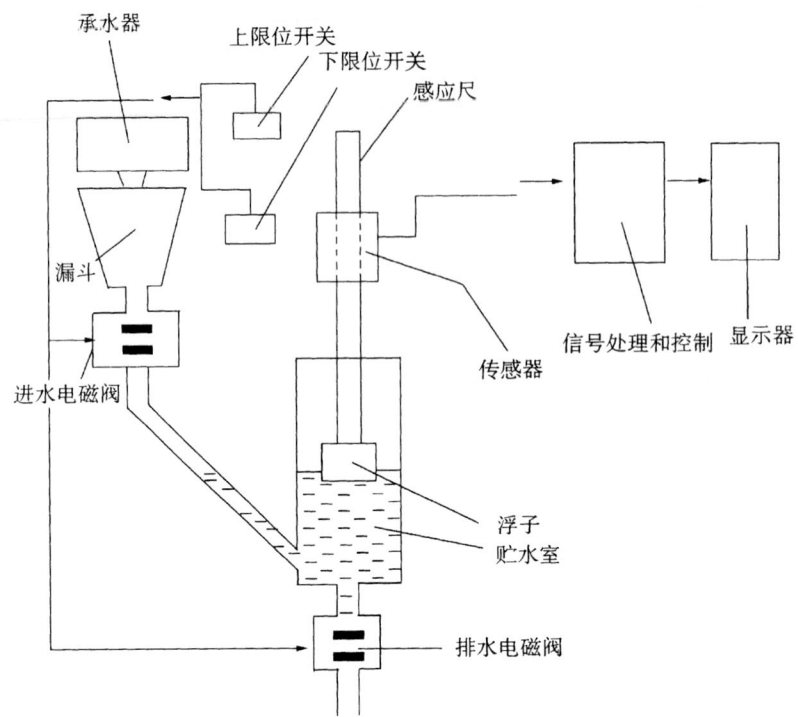

图 10.6 双阀容栅式雨量传感器结构示意图

第11章　雪深和雪压

11.1　概述

雪深是从积雪表面到地面的垂直深度,以厘米(cm)为单位,取整数;雪压是单位面积上的积雪重量,以克/平方厘米(g/cm^2)为单位,取1位小数。

当气象站四周视野地面被雪(包括米雪、霰、冰粒)覆盖超过一半时要观测雪深;在规定的日子当雪深达到或超过5 cm时要观测雪压。

测定雪深用量雪尺或普通米尺;测定雪压用体积量雪器或称雪器。

11.2　观测地段

雪深、雪压的观测地段,应选择在观测场附近平坦、开阔的地方。入冬前,应将选定的地段平整好,清除杂草,并做上标志。

11.3　雪深观测

气象站一般用量雪尺(或普通米尺)来测量雪深。量雪尺是一木制的有厘米刻度的直尺(见图11.1)。

(1)符合观测雪深的日子,每天08时在观测地点将量雪尺垂直地插入雪中到地表为止(勿插入土中),依据雪面所遮掩尺上的刻度线,读取雪深的厘米整数,小数四舍五入。使用普通米尺时,若尺的零线不在尺端,雪深值应注意加上零厘米线至尺端距离的相当厘米数值。

(2)每次观测须作3次测量,记入观测簿相应栏中,并求其平均值。3次测量的地点,彼此相距应在10 m以上(丘陵、山地气象站因地形所限,距离可适当缩短),并做出标记,以免下次在原地重复测量。

(3)平均雪深不足0.5 cm记0;若08时未达到测定雪深的标准,之后因降雪而达到测定标准时,则应在14时或20时补测一次;记在当日雪深栏,并在观测簿备注栏注明。

(4)若气象站四周积雪面积过半,但观测地段因某种原因而无积雪,则应在就近有积雪的地方,选择较有代表性的地点测量雪深(雪压同)。如因吹雪或其他原因使观测地段的积雪高低不平时,应尽量选择比较平坦的雪面来测定。

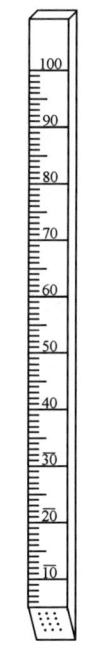

图11.1　量雪尺

丘陵、山地的气象站四周积雪达到记录积雪标准,但由于地形影响,测站附近已无积雪存在时,雪深不测量(雪压同),但应在观测簿备注栏注明。

11.4　雪压观测

11.4.1　体积量雪器

(1)体积量雪器是测量雪压用的一种仪器(见图11.2)。由一内截面积为100 cm^2 的金属筒、小铲、带盖的金属容器和量杯组成。

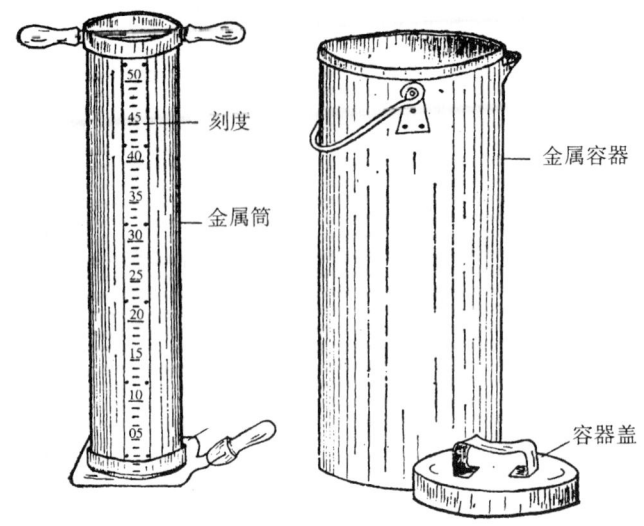

图 11.2 体积量雪器

(2) 观测和记录

①每月 5、10、15、20、25 日和月末最后 1 天,若雪深已达到 5 cm 或以上时,在雪深观测(或补测)后,应在观测雪深的地点附近进行雪压观测。

如在规定的观测日期,雪深不足 5 cm(或无积雪),而在随后的其他日子里,雪深达 5 cm 或以上,以及前 1 天雪深观测后,因降雪使得雪深 1 日间又增加 5 cm 或以上时,须在该日雪深观测后,补测雪压。

②观测雪压取 3 个样本,并取其平均值,作为该次雪压值。为避免下次在原地重复取样,应在取过样本的地点做出标记。

③雪压的测定和计算:观测前半小时,把量雪器拿到室外。取样前,应把量雪器清理干净。取样时,拿住把手,将量雪器垂直插入雪中,直到地面。然后拨开量雪器一方的雪,把小铲沿量雪器口插入,连同量雪器一起拿到容器上,再抽出小铲,使雪样落入容器内,加盖拿回室内。等雪融化后,用量杯测定其容量。

取样时,要注意清除样本中夹入的泥土、杂草。所取样本不应包括雪下地面上的水层和冰层,但应包括积雪上或积雪层中的冰层,有此情况时应在观测簿备注栏中注明。

当雪深超过取样的量雪器金属筒高度时,应分几次取样。在取上层雪样时,注意不要破坏下层雪样。

雪压计算公式为:

$$P = \frac{M}{100} \tag{11.1}$$

式中 P 为雪压(g/cm^2);M 为样本重量(g);分母 100 为量雪器内截面积(cm^2)。

(3) 维护

每次观测后,必须将仪器擦净,并防止金属筒的刀刃口变形、变钝。

11.4.2 称雪器

称雪器是由带盖的圆筒、秤和小铲等组成的一种测量雪压的仪器(见图 11.3)。

(1) 观测和记录

同体积量雪器。

(2) 雪压的测定和计算

观测前半小时,把称雪器拿到室外。每次取样前应先清洁称雪器,检查秤的零点,把带盖的空圆筒挂在秤钩上,使秤锤上的刻线与秤杆上的零线吻合。这时秤杆应当水平,平衡标志是秤杆上的指针,应与提手正中缺口相合。如果秤的零点不准时,须移动秤锤位置,使它平衡,并把秤锤的新位置作为零点。

取样时,将圆筒(锯齿形的一端)向下垂直插入雪中,直到地面。然后拨开圆筒一边的雪,把小铲插

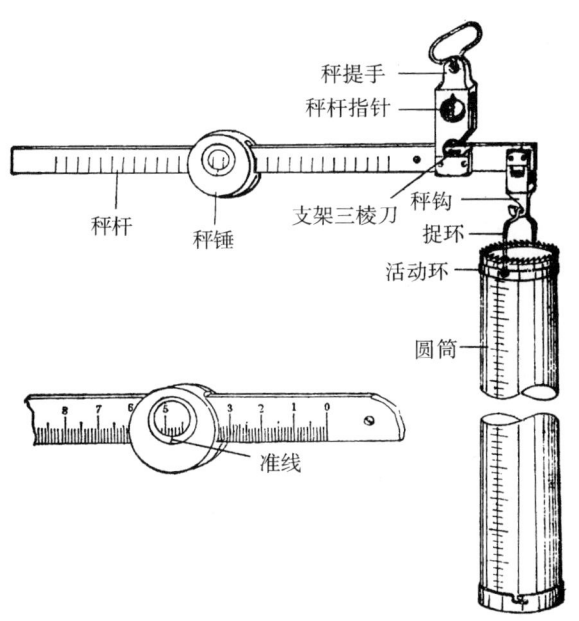

图 11.3 称雪器

到圆筒底沿下面,连同圆筒一起拿起,再将筒翻转,擦净沾在筒外的雪,把筒挂在秤钩上,移动秤锤,直到秤杆水平为止,读出秤锤准线对应于秤杆上的刻度数,取 1 位小数。

取样操作过程中的注意事项与体积量雪器同。

雪压计算公式:

$$P = \frac{M}{S} = \frac{50 \times m}{50} = m \quad (11.2)$$

式中 P 为雪压(g/cm^2);S 为称雪器圆筒内截面积($50\ cm^2$);m 为秤杆刻度数;M 为样本重量(g)。因秤杆上每一刻度单位(即 10 个小格)等于 50 g,故 M 值用秤杆刻度度数 m 乘 50 而得。

记录时,可将 m 值(秤杆刻度数)直接填入观测簿雪压栏,并求其 3 次平均值填入平均栏,样本重量栏空白不填。

(3)维护

观测后必须将仪器擦净,秤杆上的两个三棱刀要经常保持清洁,涂油防锈。注意维护锯齿圈,防止变形。

第12章 蒸 发

12.1 概述

气象站测定的蒸发量是水面(含结冰时)蒸发量,它是指一定口径的蒸发器中,在一定时间间隔内因蒸发而失去的水层深度,以毫米(mm)为单位,取1位小数。

测量蒸发量的仪器有E-601B型蒸发器和小型蒸发器。

12.2 E-601B型蒸发器

12.2.1 仪器的构造

E-601B型蒸发器由蒸发桶、水圈、溢流桶和测针等组成(见图12.1)。

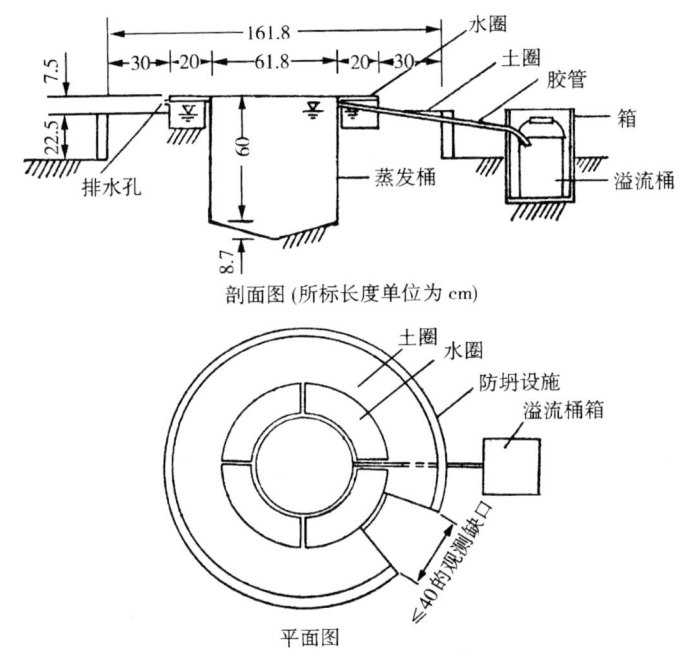

图12.1 E-601B型蒸发器

(1)蒸发桶:由白色玻璃钢制作,是一个器口面积为3000 cm^2,有圆锥底的圆柱形桶,器口正圆,口缘为内直外斜的刀刃形。器口向下6.5 cm器壁上设置测针座,座上装有水面指示针,用以指示蒸发桶中水面高度。在桶壁上开有溢流孔,孔的外侧装有溢流嘴,用胶管与溢流桶相连通,以承接因降水较大时从蒸发桶内溢出的水量。

(2)水圈:是安装在蒸发桶外围的环套,材料也是玻璃钢。用以减少太阳辐射及溅水对蒸发的影响。它由四个相同的弧形水槽组成。水圈安装时,口缘高度低于桶口5~6 cm。每个水槽的壁上开有排水孔。水圈内的水面应与蒸发桶内的水面接近。

(3)溢流桶:是承接因降水较大时而由蒸发桶溢出的水量的圆柱形盛水器,可用镀锌铁皮或其他不吸水的材料组成。桶的横截面以300 cm^2 为宜,溢流桶应放置在带盖的套箱内。

(4)测针:是专用于测量蒸发器内水面高度的部件,应用螺旋测微器的原理制成(见图12.2)。读数精确到0.1 mm。测针插杆的杆径与蒸发器上测针座插孔孔径相吻合。测量时使针尖上下移动,对准水面。测针针尖外围还设有静水器,上下调节静水器位置,使底部没入水中。

第 12 章 蒸 发

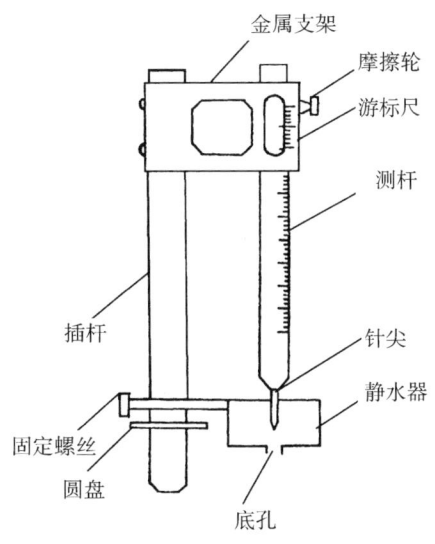

图 12.2 测针示意图

12.2.2 安装

E-601B 型蒸发器安装在观测场内，具体埋设按图 12.1 尺寸进行。

安装时，力求少挖动原土。蒸发桶放入坑内，必须使器口离地 30 cm，并保持水平。桶外壁与坑壁间的空隙，应用原土填回捣实。水圈与蒸发桶必须密合。水圈与地面之间，应取与坑中土壤相接近的土料填筑土圈，其高度应低于蒸发桶口缘约 7.5 cm。在土圈外围，还应有防塌设施，可用预制弧形混凝土块拼成，或水泥砌成外围。

12.2.3 观测和记录

每日 20 时进行观测。观测时先调整测针针尖与水面恰好相接，然后从游标尺上读出水面高度。读数方法：通过游尺零线所对标尺的刻度，即可读出整数；再从游尺刻度线上找出一根与标尺上某一刻度线相吻合的刻度线，游尺上这根刻度线的数字，就是小数读数。

如果由于调整过度，使针尖伸入到水面之下，此时必须将针尖退出水面，重新调好后始能读数。

蒸发量 = 前一日水面高度 + 降水量（以雨量器观测值为准）- 测量时水面高度。

观测后检查蒸发桶内的水面高度，如水面过低或过高，超过 1 cm 时应加水或汲水，使水面高度合适。每次水面调整后，应测量水面高度值，记入观测簿次日蒸发量的"原量"栏，作为次日观测器内水面高度的起算点。如因降水，蒸发器内有水流入溢流桶时，应测出其量（使用量尺或 3000 cm^2 口面积的专用量杯；如使用其他量杯或台秤，则须换算成相当于 3000 cm^2 口面积的量值），并从蒸发量中减去此值。

为使计算蒸发量准确和方便起见，在多雨地区的气象站或多雨季节应增设一个蒸发专用的雨量器。该雨量器只在蒸发量观测的同时进行观测。干燥天气和降水较大时按 10.2.3（4）规定处理。

有强降水时，通常采取如下措施对 E-601B 型蒸发器进行观测：

（1）降大到暴雨前，先从蒸发器中取出一定水量，以免降水时溢流桶溢出，计算日蒸发量时将这部分水量扣除掉。

（2）预计可能降大到暴雨时，将蒸发桶和专用雨量筒同时盖住（这时蒸发量按"0.0"计算），待雨停或转小后，把蒸发桶和专用雨量筒盖同时打开，继续进行观测。

冬季结冰期很短或偶尔结冰的地区，结冰时可停止观测，各该日蒸发量栏记"B"；待某日结冰融化后，测出停测以来的蒸发总量，记在该日蒸发量栏内。但不得跨月、跨年。当月末或年末蒸发器内结有冰盖时，应沿着器壁将冰盖敲离，使之呈自由漂浮状后，仍按非结冰期的要求，测定自由水面高度。

冬季结冰期较长的地区停止观测，整个结冰期改用小型蒸发器观测冰面蒸发，但应将 E-601B 型蒸发器内的水汲净，以免冻坏。

12.2.4 维护

蒸发器用水的要求：应尽可能用代表当地自然水体（江、河、湖）的水。在取自然水有困难的地区，也可使用饮用水（井水、自来水）。器内水要保持清洁，水面无漂浮物，水中无小虫及悬浮污物，无青苔，水色无显著改变。一般每月换一次水。蒸发器换水时应清洗蒸发桶，换入水的温度应与原有水的温度相接近。

每年在汛期前后（长期稳定封冻的地区，在开始使用前和停止使用后），应各检查一次蒸发器的渗漏情况等；如果发现问题，应进行处理。

定期检查蒸发器的安装情况，如发现高度不准、不水平等，要及时予以纠正。

12.2.5 蒸发传感器

（1）原理

该传感器由超声波传感器和不锈钢圆筒组成。根据超声波测距原理，选用高精度超声波探头，对E-601B型蒸发器内水面高度变化进行检测，转换成电信号输出。并配置温度校正部分，以保证在使用温度范围内的测量精度。它的测量范围为0~100 mm，分辨率0.1 mm，测量准确度±1.5%（0~+50℃）。

（2）安装

该传感器安装在E-601B型蒸发桶内的专用三脚支架上。用3个水平调整螺钉将不锈钢筒的底座调整水平，拧紧固定螺钉。应保持不锈钢圆筒最高水位刻度线稍高于蒸发桶溢孔。桶内注水，使水面接近不锈钢筒的最高水位刻度线处。保持水面位于最高和最低刻度线之间。传感器用电缆与采集器相连。

维护：定期检查清洁传感器，发现故障时及时修复。

冬季结冰时该仪器不观测，应将传感器取下，妥善保管；解冻后再重新安装使用。若冬季结薄冰的台站，停用传感器，只在20时用测针进行补测。

（3）数据采集与处理

传感器能够自动测量蒸发桶内水面高度的连续变化，采集器自动计算出每小时和1日（20~20时）的蒸发量（采集器自动把同一时间内的降水量减去）。因降水使时、日蒸发量出现负值时，该时、日蒸发量按0.0处理。

12.3 小型蒸发器

小型蒸发器为口径20 cm，高约10 cm的金属圆盆，口缘镶有内直外斜的刀刃形铜圈，器旁有一倒水小咀（见图12.3）。为防止鸟兽饮水，器口附有一个上端向外张开成喇叭状的金属丝网圈。

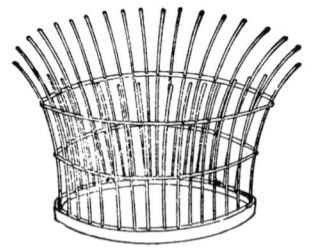
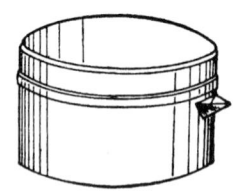

图12.3 小型蒸发器及蒸发罩

12.3.1 安装

在观测场内的安装地点竖一圆柱，柱顶安一圈架，将蒸发器安放其中。蒸发器口缘保持水平，距地面高度为70 cm。冬季积雪较深地区的安装同雨量器。

12.3.2 观测和记录

每天20时进行观测，测量前一天20时注入的20 mm清水（即今日原量）经24小时蒸发剩余的水量，记入观测簿余量栏。然后倒掉余量，重新量取20 mm（干燥地区和干燥季节须量取30 mm）清水注入蒸发器内，并记入次日原量栏。蒸发量计算式如下：

蒸发量 = 原量 + 降水量 - 余量

有降水时,应取下金属丝网圈;有强降水时,应注意从器内取出一定的水量,也可采用加盖方法,以防水溢出。取出的水量及时记入观测簿备注栏,并加在该日的"余量"中。

因降水或其他原因,致使蒸发量为负值时,记 0.0。蒸发器中的水量全部蒸发完时,按加入的原量值记录,并加">",如 >20.0。

如在观测当时正遇降水,在取走蒸发器时,应同时取走专用雨量筒中储水瓶;放回蒸发器时,也同时放回储水瓶。量取的降水量,记入观测簿蒸发量栏中的"降水量"栏内。

没有 E-601B 型蒸发器的气象站,全年使用小型蒸发器进行观测;有 E-601B 型蒸发器的,且冬季结冰期较长的气象站,停止 E-601B 型观测时,用小型蒸发器进行冰面蒸发量观测,用秤量法测量。两种仪器替换时间应选在结冰开始和化冰季节的月末 20 时观测后进行。E-601B 型和小型蒸发器测得的蒸发量分别记在"大型"与"小型"栏内。

如结冰期有风沙,在观测时,应先将冰面上积存的尘沙清扫出去,然后秤重。秤重后须用水再将冻着在冰面上的尘沙洗去,再补足 20 mm 水量。

12.3.3 维护

每天观测后均应清洗蒸发器,并换用干净水。冬季结冰期间,可 10 天换一次水。

应定期检查蒸发器是否水平,有无漏水现象,并及时纠正。

第13章 辐 射

13.1 概述

13.1.1 太阳与地球辐射

气象站的辐射测量,包括太阳辐射与地球辐射两部分。

地球上的辐射能来源于太阳,太阳辐射能量的99.9%集中在0.2~10微米(μm)的波段,其中波长短于0.4 μm的称为紫外辐射,0.4~0.76 μm的称为可见光辐射,而长于0.76 μm的称为红外辐射。此外,太阳光谱在0.29~3.0 μm范围,称为短波辐射,目前气象站主要观测这部分太阳辐射。

地球辐射是地球表面、大气、气溶胶和云层所发射的长波辐射,波长范围为3~100 μm。地球平均温度约为300 K。地球辐射能量的99%波长大于5 μm。

13.1.2 辐射测量单位

(1)辐照度E:在单位时间内,投射到单位面积上的辐射能,即观测到的瞬时值。单位为瓦·米$^{-2}$(W·m^{-2}),取整数。

(2)曝辐量H:指一段时间(如1天)辐照度的总量或称累计量。单位为兆焦耳·米$^{-2}$(MJ·m^{-2}),取两位小数,1 MJ = 10^6 J = 10^6 W·s。

13.1.3 气象辐射量

(1)太阳短波辐射

①垂直于太阳入射光的直射辐射S:包括来自太阳面的直接辐射和太阳周围一个非常狭窄的环形天空辐射(环日辐射),可用直接辐射表测量。

②水平面太阳直接辐射S_L:S_L与S的关系为

$$S_L = S \cdot \sin H_A = S \cdot \cos Z \tag{13.1}$$

式中H_A为太阳高度角,Z为天顶距($Z = 90 - H_A$)。

③散射辐射$E_d\downarrow$:散射辐射是指太阳辐射经过大气散射或云的反射,从天空2π立体角以短波形式向下,到达地面的那部分辐射。可用总辐射表,遮住太阳直接辐射的方法测量。

④总辐射E_g:总辐射是指水平面上,天空2π立体角内所接收到的太阳直接辐射和散射辐射之和。可用总辐射表测量

$$E_g \downarrow = S_L + E_d \downarrow \tag{13.2}$$

白天太阳被云遮蔽时,$E_g\downarrow = E_d\downarrow$,夜间$E_g\downarrow = 0$。

⑤短波反射辐射$E_r\uparrow$:总辐射到达地面后被下垫面(作用层)向上反射的那部分短波辐射。可用总辐射表感应面朝下测量。

下垫面的反射本领以它的反射比E_k表示

$$E_k = \frac{E_r \uparrow}{E_g \downarrow} \tag{13.3}$$

(2)太阳常数S_0

在日地平均距离处,地球大气外界垂直于太阳光束方向上接收到的太阳辐照度,称为太阳常数,用S_0表示。1981年世界气象组织(WMO)推荐了太阳常数的最佳值是$S_0 = 1367 \pm 7$ W·m^{-2}。

(3)地球长波辐射

①大气长波辐射$E_L\downarrow$:大气以长波形式向下发射的那部分辐射或称大气逆辐射。

②地面长波辐射$E_L\uparrow$:地球表面以长波形式向上发射的辐射(包括地面长波反射辐射)。它与地面温度有密切联系。

第13章 辐　　射

（4）全辐射

短波辐射与长波辐射之和，称为全辐射。波长范围为 0.29~100 μm。

（5）净全辐射 E^*（辐射平衡）

太阳与大气向下发射的全辐射和地面向上发射的全辐射之差值，也称为净辐射或辐射差额。其表示式为：

$$净全波辐射\ E^* = E_g\downarrow + E_L\downarrow - E_r\uparrow - E_L\uparrow \tag{13.4}$$

$$净短波辐射\ E_g^* = E_g\downarrow - E_r\uparrow \tag{13.5}$$

$$净长波辐射\ E_l^* = E_L\downarrow - E_L\uparrow \tag{13.6}$$

以上各种辐射，如图 13.1 所示。

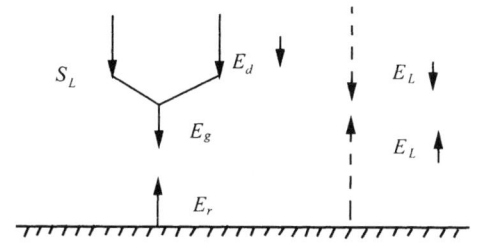

图 13.1　各种辐射示意图

注：本规范中除向上、向下长波辐射用↓、↑符号外，其余各有关辐射量均省去↑、↓符号。

13.1.4　辐射传感器

气象站使用的辐射传感器都为热电型，传感器由感应面与热电堆组成。感应面是薄金属片、涂上吸收率高、光谱响应好的无光黑漆。紧贴在感应面下部是热电堆，它与感应面应保持绝缘。热电堆工作端位于感应面下端。参考端（冷端）位于隐蔽处。为了增大仪器的灵敏度，热电堆由康铜丝绕在骨架上，其中一半镀铜，形成几十对串联的热电偶。

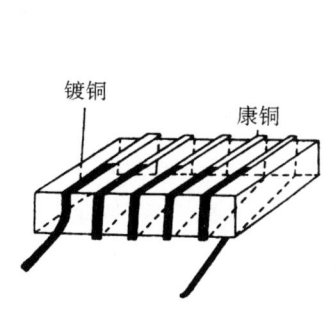 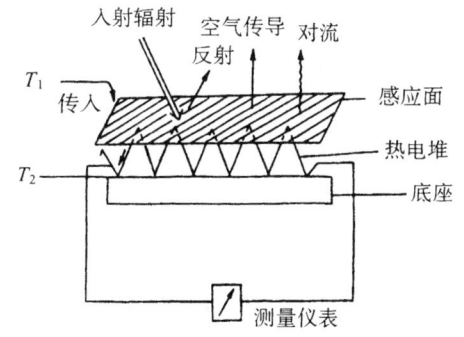

图 13.2　绕线型热电堆图　　图 13.3　热电型辐射表原理图

当辐射表对准辐射源（如太阳），感应面黑体吸收辐射能而增热时，使下部的热电堆两端形成温度差，热电堆产生电动势。当辐照度 E 越强，热电堆两端的温差就越大，输出的电动势 V 也就越大，它们的关系基本是线性的：

其中

$$V(\mu V) = K \cdot E(W \cdot m^{-2}) \tag{13.7}$$

$$K(\mu V/(W \cdot m^{-2})) = V/E \tag{13.8}$$

K 称仪器的灵敏度，单位为 $\mu V \cdot W^{-1} \cdot m^2$，取两位小数。辐射仪器灵敏度定义为仪器达到稳态后，输出量与输入量之比，也就是单位辐照度产生的电压微伏数。K 值是否稳定是衡量一个辐射表等级标准的重要指标。此外，灵敏度还随辐照度和环境条件（如温度、湿度、风）等的改变而产生变化。若已知 K，测量辐射表输出电压大小，就可确定辐照度的强弱，这就是热电型辐射传感器的基本原理。

通常热电型辐射表是相对仪器,它与标准仪器对比观测(检定)后,才能求出仪器的灵敏度 K。

13.2 总辐射的观测

总辐射是辐射观测最基本的项目。总辐射用总辐射表(亦称天空辐射表)测量。

13.2.1 总辐射表

总辐射表由感应件、玻璃罩和附件组成(见图13.4)。

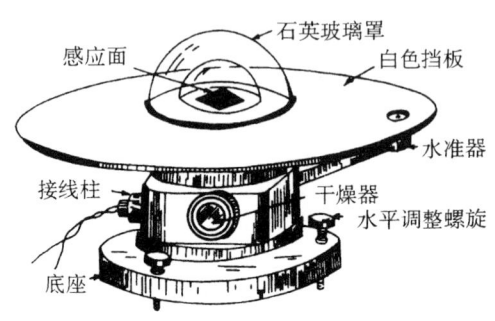

图 13.4 总辐射表

感应件由感应面与热电堆组成,涂黑感应面通常为圆形,也有方形。热电堆由康铜、康铜镀铜构成。另一种感应面由黑白相间的金属片构成,利用黑白片的吸收率不同,测定其下端热电堆温差电动势,然后转换成辐照度。仪器的灵敏度为 $7\sim14~\mu V \cdot W^{-1} \cdot m^2$。响应时间$\leqslant 60~s$(99%响应)。年稳定性$\leqslant 5\%$。余弦响应指标规定如下:太阳高度角为 $10°、30°$时,余弦响应误差分别$\leqslant 10\%$、$\leqslant 5\%$。

玻璃罩为半球形双层石英玻璃构成。它既能防风,又能透过波长 $0.3\sim3.0~\mu m$ 范围的短波辐射,其透过率为常数且接近0.9。双层罩的作用是为了防止外层罩的红外辐射影响,减少测量误差。

附件:包括机体、干燥器、白色挡板、底座、水准器和接线柱等。此外还有保护玻璃罩的金属盖(又称保护罩)。干燥器内装干燥剂(硅胶)与玻璃罩相通,保持罩内空气干燥。白色挡板挡住太阳辐射对机体下部的加热,又防止仪器水平面以下的辐射对感应面的影响。底座上设有安装仪器用的固定螺孔及调整感应面水平的3个调节螺旋。

13.2.2 仪器的安装、使用和维护

(1)安装

总辐射表应牢固安装在专用的台柱上。台柱是用一根金属管或木柱,上部固定一块比总辐射表底座稍大的金属板或木板构成。台柱离地面约1.50 m,下部埋入地中要很牢固,长时间内不会出现下陷或变形现象,即使台柱受到严重冲击振动(如大风等),也不改变仪器的水平状态。

安装时,先把总辐射表的白色挡板卸下,再将总辐射表安装在台上,使仪器接线柱方向朝北。用3个螺钉(最好用不生锈的材料)将仪器固定在台柱上,若台架为金属板则事先打好3个孔,用螺栓固定仪器。然后利用仪器上所附的水准器,调整底座上3个螺旋,使总辐射表的感应面处于水平状态,最后将白色挡板装上。

仪器安装后,用导线将接线柱、记录仪表连接(接线时,要注意正负极),有的接线柱有3根引出线,其中1根连接机体,用于连接电缆的屏蔽层,起到防干扰和防感应雷击的作用。

(2)使用和维护

总辐射的观测,应在日出前把金属盖打开,辐射表就开始感应,记录仪自动显示总辐射的瞬时值和累计总量。日落后停止观测,并加盖。若夜间无降水或无其他可能损坏仪器的现象发生,总辐射表也可不加盖。

开启与盖上金属盖应特别小心,要旋转到上下标记点对齐,才能开启或盖上。由于石英玻璃罩贵重且易碎,启盖时动作要轻,不要碰玻璃罩。冬季玻璃罩及其周围如附有水滴或其他凝结物,应擦干后再盖

上,以防结冻。金属盖一旦冻住,很难取下时,可用吹风机使冻结物融化或采用其他方法将盖取下,但都要仔细,以免损坏玻璃罩。

每日上、下午至少各一次对总辐射表进行如下检查和维护:

①仪器是否水平,感应面与玻璃罩是否完好等。

②仪器是否清洁,玻璃罩如有尘土、霜、雾、雪和雨滴时,应用镜头刷或麂皮及时清除干净,注意不要划伤或磨损玻璃。

③玻璃罩不能进水,罩内也不应有水汽凝结物。检查干燥器内硅胶是否变潮(由蓝色变成红色或白色),否则要及时更换。受潮的硅胶,可在烘箱内烤干变回蓝色后再使用。

④总辐射表防水性能较好,一般短时间或降水较小时可以不加盖。但降大雨(雪、冰雹等)或较长时间的雨雪,为保护仪器,观测员应根据具体情况及时加盖,雨停后即把盖打开。

如遇强雷暴等恶劣天气时,也要加盖并加强巡视,发现问题及时处理。

13.3 净全辐射的观测

净全辐射是研究地球热量收支状况的主要资料。净全辐射为正表示地表增热,即地表接收到的辐射大于发射的辐射,净全辐射为负表示地表损失热量。净全辐射用净全辐射表测量。

13.3.1 净全辐射表

净全辐射表由感应件、薄膜罩和附件等组成(见图13.5)。

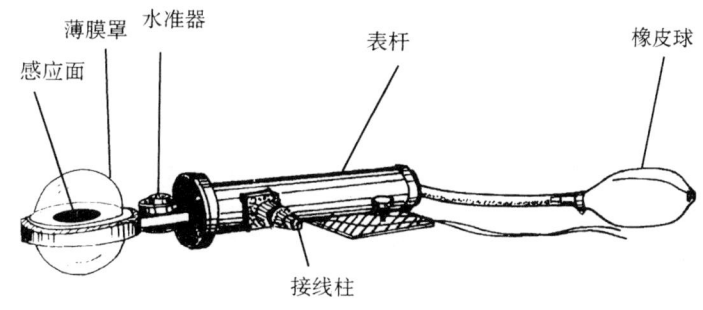

图13.5 净全辐射表

净全辐射表感应件也是由涂黑感应面与热电堆组成。但与总辐射表不同,它有上、下两个感应面,两面均能吸收波长为 0.3~100 μm 全波段辐射。热电堆两端与上、下两个感应面相贴。由于上、下感应面吸收的辐照度不同,使得热电堆两端产生温度差异,其输出的电动势与涂黑感应面接收的辐照度差值成正比。净全辐射表有长波与全波段两个灵敏度,其要求范围均在 7~14 μV·W^{-1}·m^2。长波与全波段灵敏度允许误差≤15%。响应时间≤60 s(99% 响应)。年稳定性≤10%。白天(净全辐射为正值)采用全波段灵敏度,夜间(净全辐射为负值)采用长波灵敏度。

为防止风的影响和保护感应面,净全辐射表上下感应面装有既能透过短波(0.3~3 μm),又能透过长波辐射(3~100 μm)的半球形专用聚乙烯薄膜罩。薄膜罩上放置橡胶密封圈,然后用压圈旋紧,使得薄膜罩牢牢固定住。

附件:有表杆、干燥器、底板、上下水准器与调节螺旋、接线柱和橡皮球等。干燥器(内装硅胶)装在表杆内与感应件相通,用橡皮球打气,通过干燥器即使上下薄膜罩充成半球形,并提供干燥气体,排除罩内潮气。此外还有上下两个金属盖和固定压圈用的金属环等。

13.3.2 仪器的安装、使用和维护

(1)安装

安装净全辐射表的架子是由台柱和伸出的长臂所组成(见图13.12),长臂的末端固定一块比净全辐射表底座稍大的金属板或木板。安装架子时,要求台柱离地面约 1.50 m,长臂基本水平,方向朝南。台

柱埋入地下部分要很牢固,不要因长臂末端安装仪器长期承受重量而下垂。

安装时,把表的底板用不锈螺旋固定在金属板上,使感应件伸出长臂,接线柱方向朝北。用调整螺旋将感应面调平。最后用电缆线连接记录仪,接线时要注意正负极。

(2)使用与维护

净全辐射表观测的是全辐射差额,不仅白天观测夜间也要观测。记录仪显示的是瞬时值、时累计量和0~24小时日总量,一般白天显示正值,夜间为负值。

净全辐射表和总辐射表一样,除每日上、下午至少各检查一次仪器状态外,夜间还应增加一次检查。每次检查和维护的内容如下:

①感应面是否水平。

②薄膜罩是否清洁和呈半球凸起。罩外部如有水滴,应用脱脂棉轻轻抹去,若有尘埃、积雪等,可用橡皮球打气,使罩凸起并排除湿气。

薄膜罩通常每月更换一次,风沙多、大气污染严重或紫外光强易使聚乙烯老化的地区,要增加更换次数。

更换薄膜罩时要用专用工具(金属环)把压圈旋下,取下橡皮密封圈与旧罩,然后换上新罩,放上密封圈,再用专用工具把压圈旋紧(有的用螺钉固定)。换罩时如发现密封圈老化或损坏应同时更换,更换时注意不要弄脏或碰坏黑体。如果感应面有脏物,要用橡皮球清除,不要用刷子等硬物去清除。

③遇有雨、雪、冰雹等天气时,应将上下金属盖盖上,加盖条件同总辐射表,稍大的金属盖在上,以防雨水流入下盖内。降大雨时应另加防雨装置。降水停止后,要及时开启。

由于薄膜罩密封性能不好或金属盖盖得不紧,大雨时,常把感应面弄湿,使得仪器短路或出现负值,应及时把仪器烘干或换上备份表。

④要注意观测结果的正负值。正常天气净全辐射夜间为负值,日出后1~2小时升为正值至中午为最大,日落前1~2小时又转为负值。如果出现相反情况,可能仪器的正负极接错。

⑤干燥剂失效要及时更换。

⑥注意保持下垫面的自然和完好状态。平时不要乱踩草面,降雪时要尽量保持积雪的自然状态。

净全辐射表出现的故障和处理方法与总辐射表基本相同。但最常见的故障是薄膜罩漏水使得感应面潮湿,造成记录出错。因此,气象站要备足薄膜罩与橡皮垫圈及时更换,保持好密封性。

13.3.3 辐射作用层状态的观测

有净全辐射或反射辐射观测项目的气象站,应观测作用层状态。

作用层状态的观测地点为净全辐射表支架下的观测场地面。每天地方平均太阳时9时左右观测辐射作用层状态。

作用层状态由作用层情况的十位数码和作用层状况的个位数码组成的两位编码表示(见表13.1),记录在备注栏靠日期一边栏内。例如:枯草上降新雪记"14"。

表 13.1 作用层状态编码表

十位数码	作用层情况	个位数码	作用层状况
0	青草	0	干燥
1	枯(黄)草	1	潮湿
2	裸露黏土	2	积水
3	裸露沙土	3	泛碱(盐碱)
4	裸露硬(石子)土	4	新雪
5	裸露黄(红)土	5	陈雪
		6	溶化雪
		7	结冰

13.4 太阳直接辐射的观测

测量垂直太阳表面(视角约 0.5°)的辐射和太阳周围很窄的环形天空的散射辐射称为太阳直接辐射。太阳直接辐射是用太阳直接辐射表(简称直接辐射表或直射表)测量。

13.4.1 直接辐射表

直接辐射表由进光筒、感应件、跟踪架(赤道架)及附件组成(见图 13.6)。

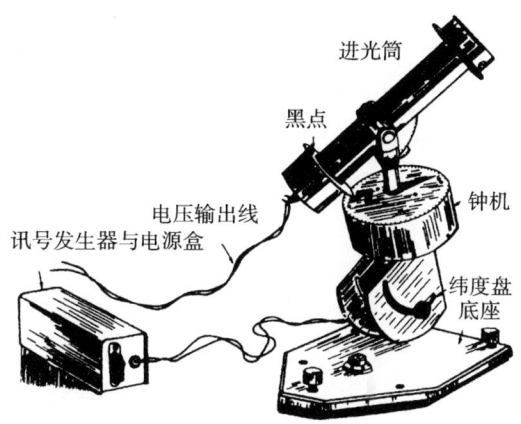

图 13.6 直接辐射表

(1)进光筒的孔径角

直接辐射表孔径大小由半开敞角 α 和斜角 β 来定义(见图 13.7)。

$$\alpha = \mathrm{tg}^{-1}(R/d) \quad (13.9)$$
$$\beta = \mathrm{tg}^{-1}[(R-r)/d] \quad (13.10)$$

式中 R：进光前孔半径；r：接收器半径；d：前孔到接收器的距离。

图 13.8 中，β 角内的天空区域 1 的辐射能照射到全部感应面上，来自区域 2 和 3 的辐射只能照射到部分感应面上，它们的交界处圆周上的辐射正好只能照射感应面积的一半；区域 3 外的辐射则完全不能进入仪器。

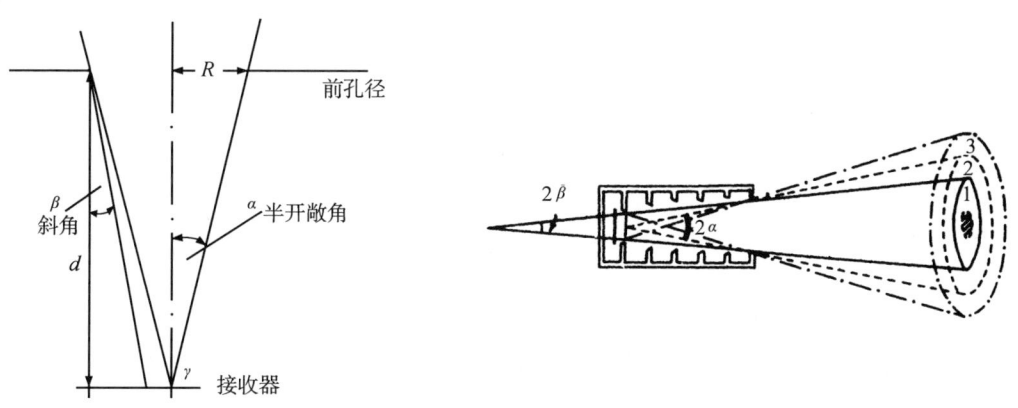

图 13.7 进光筒 α、β 角的几何尺寸　　　图 13.8 露光孔张角与接收辐射的关系

(2)进光筒是一个金属圆筒,为使感光面不受风的影响,同时又减少管壁的反射,筒内有几层涂黑的光栏,光栏的坡度使得进入光筒的半开敞角为 2.5°~5.5°,斜角为 1°~2°,建议采用斜角为 1°。为保证筒内清洁,筒口装有石英玻璃片。进光筒前有一金属箍用来安放各种滤光片,筒内装有干燥气体以防止产生水汽凝结物。为了对准太阳,进光筒两端分别固定两个固定圆环,筒口圆环上有一小孔,筒末端白色圆盘有一黑点,小孔和黑点的连线与筒中轴线相平行。如果光线透过小孔落在黑点上,说明进光筒已对准

太阳。

(3)感应件是仪器的核心部分,由感应面与热电堆组成。安装在光筒的后部。当光筒对准太阳,黑体感应面吸收太阳直射增热,使得热电堆产生温差电动势,由导线输出。仪器灵敏度约为 7～14 $\mu V \cdot W^{-1} \cdot m^2$,响应时间 ≤35 s(99% 响应)。年稳定性 ≤2%。

(4)跟踪架是支撑进光筒使之自动准确跟踪太阳的一种装置,常用的跟踪架有时钟控制、直流电机控制和全自动三种形式:

①时钟控制跟踪架:实际为一石英钟。信号发生器及电源部分一般安在室内,用导线与跟踪架上的钟机联接,钟机操纵输出轴带动进光筒跟踪太阳。

这种跟踪架由于每天不停地转动,使得进光筒上两根输出线容易缠绕,发现缠线后,应在不观测时(日落后),松开进光筒的固定螺旋,向相反方向转动,直至导线完全放松为止,再拧紧固定螺旋。

②直流电机控制跟踪架:单片计算机和电源部分用导线与跟踪架上的直流电机相联接,单片机控制电机从而推动进光筒跟踪太阳,每日准确转动 1 圈。

以上两种跟踪架也称赤道架,跟踪精度为 ±1°/日(相当 4 分钟/日)。

③全自动跟踪架:它由机械主体、控制箱与电缆线等构成。机械主体安在室外,由准光筒、固定直射表用的架子、电机、转动轴、底座等组成(见图 13.9)。该仪器以单片计算机为控制核心,采用传感器定位和太阳运行轨迹定位两种自行切换的跟踪方式,弥补了赤道架跟踪的缺点,具有全自动、全天候、跟踪精度高(±0.25°)、不绕线等特点,是辐射仪器的主要跟踪装置。

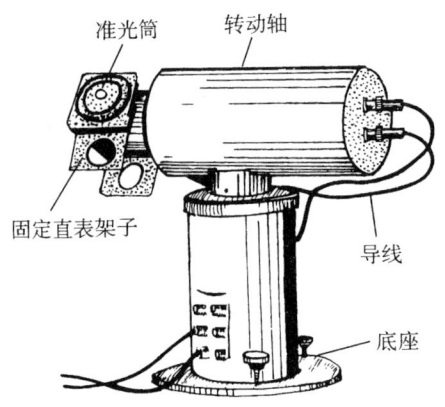

图 13.9 全自动太阳跟踪器外观图

跟踪的原理是利用单片计算机的软件(每天日出至日落每一时刻的太阳高度角与方位角参数)控制电机转动,带动准光筒跟踪太阳。此外,准光筒内均匀安装有四个光敏传感器,当准光筒跟踪太阳稍有偏差时,筒内的四个传感器接收到阳光信号就不相同,从而驱动准光筒自动瞄准太阳。使得装在架子上的直接辐射表进光筒准确对准太阳。这种装置可带动多台直接辐射表,以及散射辐射表上的遮光板跟踪太阳。

机械主体安在牢固的台架上,调好水平、方位后将底座固定。用时角、赤纬、传感器三根电缆将机械主体与室内的控制箱联接。调整控制箱内参数:时间(年、月、日、时、分、秒)和经纬度与本站的实际时间、经纬度相一致。调整后,一般不再需要人工干预。接通电源后,由计算机控制可以自动搜寻太阳位置,并自动选择合理跟踪方式,对太阳进行全自动跟踪。日落 6 分钟后装置自动返回初始位置。下一日出前 6 分钟仪器将自动运行到适当位置,开始新的跟踪过程。

(5)附件:包括仪器底座(刻有南北方位线)、水准器与调整螺旋、进光筒帽盖与外罩等。

13.4.2 仪器的安装、使用和维护

(1)安装

直接辐射表安装在专用的台柱上,专用台柱的要求和安装方法与总辐射表基本相同。

直接辐射表跟踪太阳的准确度与仪表安装是否正确关系极为密切,安装时必须对准南北向、纬度、调

整水平以及观测时的赤纬和时间。

①调整、对准南北向。表底座方位线对准南北向是非常重要的。对准南北向,首先必须测定南北线。测定南北线的主要方法如下:

经纬仪法:真太阳时正午,用经纬仪(通过深色玻璃)观测太阳,然后降低物镜到水平面一点,这一点与观测点相连,即南北线并在仪器台柱上画出南北线。

在晴朗夜晚用经纬仪测北极星的方法也可确定南北线。

铅垂线法:这是较常用的一种方法。在真太阳时正午,用铅垂线观测其投影(当地子午线),使仪器底座上的南北方位线与其重合,尽可能达到 ±0.25° 以内。应用铅垂线对方位时,应先算出当地当日真太阳时正午对应的北京时间(钟表时间)。

例如某站($106°29'58''E$)6月28日测南北线,当日真太阳时正午相当于北京时间的计算方法是:

真太阳时(TT) = 地平时(T_M) + 时差(E_Q)

= 北京时(C_r) ± 经度时差(L_C) + 时差(E_Q)

经度差 = $120° - 106.5° = 13.5°$

经度时差(L_C) = $13.5° \times 4$ 分/度 = 54 分 = 0^{54}

106° 在 120° 以西,因此,$L_C = -0^{54}$,6月28日查附录7(表7.1),时差(E_Q) = -0^{03}

12(TT) = 北京时(C_r) $- 0^{54} - 0^{03}$

北京时 = $12 + 0^{03} + 0^{54} = 12^{57}$

因此,必须使北京时 12^{57} 这一时刻的铅垂线投影与仪器底座的南北线重合,说明南北线对准。

对方位往往不是一次能对好的,反复几次对准后,初步将底座固定。

②调整对准纬度(全自动跟踪架例外)。松开纬度刻度盘上的螺旋,转动刻度盘对准当地纬度(准确至 0.1°)然后再固定。

③调整水平。用3个水平调整螺旋调整,使水准器气泡位于中央。

方位、纬度、水平调整好后,再将仪器牢固地固定在台架上。仪器安装完成后,转动进光筒对准太阳(光点恰好落在瓷盘黑点中央)。这时仪器的赤纬与时间指针应指在当时的太阳赤纬和时间(真太阳时)上,但往往有一定差别,这是由于制造仪器时刻度误差等原因造成的。

直射表安装好后,应试跟踪太阳一段时间,检查其是否准确,否则,应反复调整,直到准确为止(1天跟踪误差 <1 光点约4分钟)。

(2)使用和维护

直接辐射表与其他辐射表相比,不仅感应件要灵敏,而且还要跟踪准确,才能获得准确的直接辐射。要保持在任何天气条件下常年不断地、准确可靠地跟踪太阳是不容易的,因此要严格遵守操作规程。

每天工作开始时,应检查进光筒石英玻璃窗是否清洁,如有灰尘、水汽凝结物应及时用软布擦净。跟踪架要精心使用,切勿碰动进光筒位置,每天上、下午至少各检查一次仪器跟踪状况(对光点),遇特殊天气要经常检查。如有较大的降水、雷暴等恶劣天气不能观测时,要及时加罩,并关上电源。转动进光筒对准太阳,一定按操作规程进行,绝不能用力太大,否则容易损坏电机。直接辐射表每月检查的内容和总辐射表基本相同,除检查感应面、进光筒内是否进水、接线柱和导线的连接状况外,重点应检查仪器安装与跟踪太阳是否正确。

13.4.3 大气浑浊度指标 T_G 观测与计算

(1)T_G 的定义与计算公式

全波段浑浊度指标 T_G 是指总的浑浊度系数(总的光学厚度)δ 与理想浑浊度系数(干净大气光学厚度)δ_{mol} 之比:

$$T_G = \frac{\delta}{\delta_{mol}} \tag{13.11}$$

根据全波段太阳辐射在大气中的衰减定律:

$$S = S_0 e^{-\delta m P_h/P_s} \tag{13.12}$$

式中 S 为地面上观测到垂直于太阳的直接辐射；$S_0 = 1367\ \text{W}\cdot\text{m}^{-2}$，太阳常数；$P_h$ 为本站气压；$P_s = 1013\ \text{hPa}$，标准气压；m 为相对大气质量（考虑地球形状与折射情况）

$$m = \frac{1}{\sin H_A + 0.15(H_A + 3.3885)^{1.253}} \tag{13.13}$$

式中 H_A 为太阳高度角（附录7的表7.3就是根据13.13式计算的）。因此：

$$T_G = \frac{1}{-P_h/P_s \, m \delta_{mol} \log e} \log \frac{S}{S_0} \tag{13.14}$$

式中 δ_{mol} 为本站气压 P_h 与相对大气质量 m 的函数。

当 $m \cdot P_h/P_s \leq 3.3$ 时，

$$\delta_{mol} = 0.1005 - (mP_h/P_s - 0.5) \times 0.0074 \tag{13.15}$$

当 $m \cdot P_h/P_s > 3.3$ 时，

$$\delta_{mol} = 0.0798 - (mP_h/P_s - 3.3) \times 0.0047 \tag{13.16}$$

浑浊度指标 T_G 的大小，取决于地面上观测到的太阳直射辐射 S，本站气压 P_h 与太阳高度角 H_A。其中 S 是最主要的。因此观测到无云时的太阳直接辐射愈大，则 T_G 愈小，表示大气越透明；反之，观测到 S 愈小，T_G 则愈大，表示大气愈浑浊。

（2）T_G 的观测条件

进行太阳直接辐射观测的气象站（一级站），在每日地方平均太阳时9、12、15时（±30分钟内），若太阳面无云时，要进行大气浑浊度 T_G 的观测。观测时对计算机进行人工干预，输入有关数据，计算机则会计算并打印出观测时的 T_G 值。

13.5 散射辐射与反射辐射的观测

总辐射中把来自太阳直射部分遮蔽后测得为散射辐射或天空辐射。总辐射表感应面朝下所接收的为反射辐射。散射辐射和反射辐射都是短波辐射。这两种辐射均用总辐射表配上有关部件来进行测量。

13.5.1 散射辐射表

散射辐射表是由总辐射表和遮光环两部分组成（见图13.10）。遮光环的作用是保证从日出到日落能连续遮住太阳直接辐射。它由遮光环圈、标尺、丝杆调整螺旋、支架、底盘等组成。

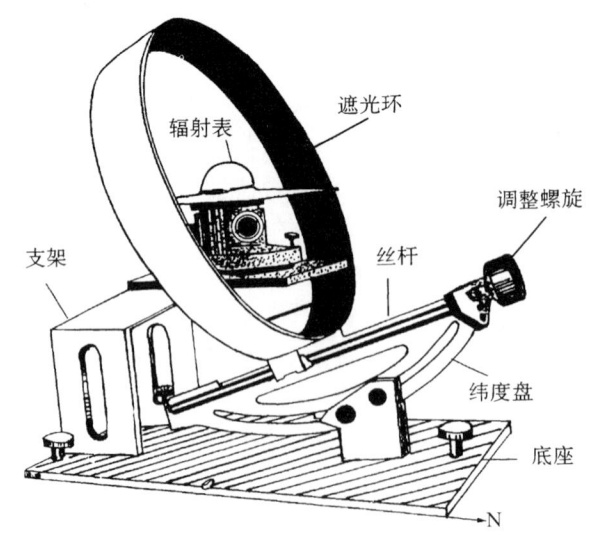

图 13.10 带遮光环的散射辐射表

我国采用遮光环圈的宽度为 65 mm，直径为 400 mm。固定在标尺的丝杆调整螺旋上，标尺上刻有纬度与赤纬刻度。标尺与支架固定在底盘上,底盘上有3个水平调整螺旋。总辐射表安装在支架平台上。

此外,还有用电机带动的自动跟踪太阳的遮光球(板)和手动的遮光板两种装置,以阻挡太阳直接辐射。

13.5.2 仪器的安装、使用和维护

(1)安装

散射辐射表安装的地方条件与台架安装的要求与总辐射表相同。由于遮光环很重并且底盘较大,因此,仪器台架的安装更应牢固。

①先将遮光环架安装在观测台架上。安装必须使底盘边缘对准南北向,使仪器标尺指向正南北(遮光环丝杆调整螺旋柄朝北)。用水平尺和底板3个调节螺旋把底板调水平,然后,用螺栓将遮光环底板固定在观测台架上。

②根据当地的地理纬度,固定标尺位置。

③把总辐射表水平地安装在遮光环中的平台上,使接线柱朝北,其位置应正好使辐射表涂黑感应面位于遮光环中心。调好总辐射表水平并固定。

④将遮光环按当日的太阳赤纬调到相当的位置上,使遮光环恰好全部遮住总辐射表的感应面和玻璃罩。

⑤将接线柱导线与记录仪连接。

(2)使用和维护

散射辐射表的使用与维护基本同总辐射表。观测散射辐射时,日出前,转动丝杆调整螺旋,将遮光环按当日赤纬调在标尺相应的位置上(有时也可几天调整一次),使遮光环全天遮住太阳直射辐射。每日上下午巡视一次,检查遮光环阴影是否完全遮住仪器的感应面与玻璃罩,否则应及时调整。

平时要经常保持遮光环部件的清洁和丝杆的转动灵活。发现丝杆有灰尘或转动不灵活时,尤其是风沙过后,要用汽油或酒精将丝杆擦净。较长时间不使用,应将遮光环取下或用罩盖好,以免丝杆和有关部件锈蚀。长时间使用遮光环,当圈环颜色(外白内黑)退色或脱落时,应重新上漆。

13.5.3 散射辐射的遮光环订正系数

(1)订正系数的理论值 CQ

观测天空散射辐射,由于采用遮光环不仅遮住太阳直接辐射,同时还把遮光环带上的天空散射遮掉,这样使用遮光环测得的散射辐射比实际偏小。因此,必须乘以一个大于1的遮光环订正系数,才能得到准确的散射辐射。

假定天空散射是均匀的,天空被遮光环遮住的部分 X/T(成数),从理论上可用下式计算:

$$\frac{X}{T} = \frac{2b}{\pi R}\cos^3 D_E (\sin\Phi\sin D_E \cdot t_o + \cos\Phi\cos D_E \cdot \sin t_o) \tag{13.17}$$

式中 b 为遮光环的宽度; R 为遮光环的半径; D_E 为太阳赤纬; Φ 为当地纬度; t_o 为时角,

$$t_o = \frac{T_S - T_R}{12} \times \frac{90}{57.3}(\text{弧度}) \tag{13.18}$$

式中 T_S 为日落时间; T_R 为日出时间,均为真太阳时。因此遮光环订正系数 CQ 为:

$$CQ = \frac{1}{\left[1 - \frac{X}{T}\right]} \tag{13.19}$$

(2)业务上使用的遮光环订正系数 CQ_2

我国使用的遮光环订正系数 CQ_2 是参考理论值,以及遮光环与遮光板大量对比试验数据得出,它随季节、纬度和各地云量而异,最大订正值可达1.30左右。

$$CQ_2 = 0.0538 + 0.1715\Phi/90 + 0.0111\Delta Y - 0.0117N + CQ \tag{13.20}$$

式中 $\Delta Y = |\text{月份} - 6|$, N 为总云量月平均值(0.1成)。

由于 CQ_2 考虑到各地的气候状况(云量),因此更接近于实际情况。

辐射一级站的遮光环订正系数见附录7(表7.7)。

13.5.4 反射辐射表的安装、使用和维护

使总辐射表感应面朝下,即可测定短波反射辐射,称为反射辐射表。

反射辐射表安装的条件与净全辐射表相同,一般安装在浅草平铺的观测场内。

安装反射辐射表的架子也是由台柱和伸出的长臂组成。长臂下端(靠近净全辐射表)固定一个比仪器底座稍大的金属板,把感应面朝下的反射辐射表底座用不锈螺栓固定在金属板上。仪器接线柱方向朝北。然后用调整螺旋把感应面调平,通常有上下两个水准器。安装反射辐射表时一定要把仪器上的白色挡板翻过来安装,否则降雨时,雨水将聚在白色挡板上,流入感应元件,损坏仪器。

反射辐射表使用、维护和一般性检查与总辐射表相同。

13.6 长波辐射的观测

长波辐射用长波辐射表测量。

13.6.1 长波辐射表

(1) 结构原理

长波辐射表的构造、外观与总辐射表基本相合,由感应件(黑体感应面与热电堆)、玻璃罩和附件等组成(见图 13.11)。与总辐射表主要不同的是玻璃罩内镀上硅单晶,保证了 3 μm 以下的短波辐射不能到达感应。仪器观测到的值,包括感应面接收到的长波辐射 $E_{L.\,in}$ 以及感应面本身向外发射的长波辐射 $E_{L.\,out}$ 的差值:

$$E_{men} = E_{L.\,in} - E_{L.\,out} \tag{13.21}$$

式中 E_{men} 由热电堆输出算得,$E_{men} = mv/k$,k 为长波表灵敏度。$E_{L.\,out} = \sigma T_b^4$,$\sigma = 5.6697 \times 10^{-8}$ W·m^{-2}·K^{-4},T_b 为仪器腔体温度。因此长波辐射表观测到的长波辐射。

$$E_{L.\,in} = mv/k + 5.6697 \times 10^{-8} T_b^4 \tag{13.22}$$

T_b 由安装在腔体内的热敏电阻测量。此外,为减少仪器灵敏度的温度系数,热电堆线路中并有一组热敏电阻,使测量更加准确。

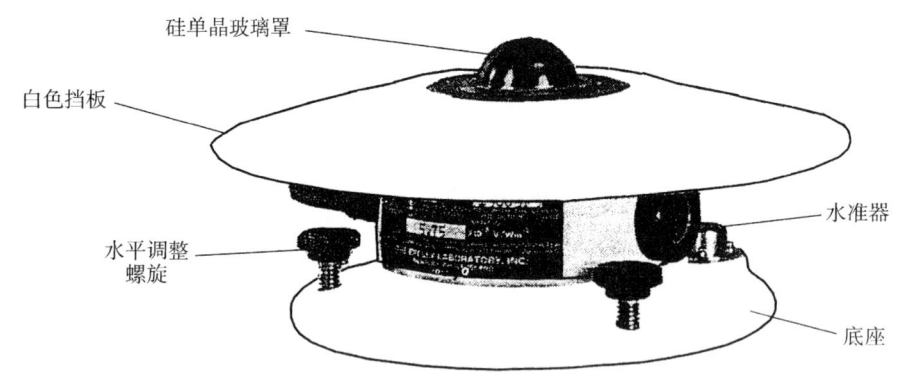

图 13.11 长波辐射表

白天太阳辐射较强,照得硅罩的温度 T_a 明显高于腔体温度 T_b。使得感应面将从硅罩得到附加的热辐射,形成仪器数据系统偏高。新型长波辐射表增加一个热敏电阻,测量硅罩温度 T_a,用来修正上述误差。有的还采用散射辐射表方式,用自动跟踪遮光板,挡住太阳直接辐射。

(2) 仪器的安装使用与维护

如同总辐射表和反射辐射表一样,分别将感应面朝上和朝下的两台长波辐射表安装在一起。安装地方条件、要求、使用注意事项和维护方法与总辐射表基本相同。每台仪器有 4 根引出线,其中 2 根测热电堆电压,另 2 根测量热敏电阻器的阻值,然后换算为腔体温度 T_b。

13.6.2 用长波短波辐射表观测和计算净全辐射

气象站用短波辐射仪器观测总辐射 E_g、反射辐射 E_r。用两台长波辐射表分别观测 $E_L\downarrow$ 与 $E_L\uparrow$。然后计算出净全辐射 E^*

$$E^* = E_g + E_L\downarrow - E_r - E_L\uparrow$$

以及长波净辐射 E_L^*

$$E_L^* = E_L\downarrow - E_L\uparrow$$

这种方式计算出的 E^* 与 E_L^* 比用净全辐射表观测的值,更加准确。

13.7 紫外辐射的观测

紫外辐射又分三个亚区:

$$UV - A: 0.315\sim0.400\ \mu m$$
$$UV - B: 0.280\sim0.315\ \mu m$$
$$UV - C: 0.100\sim0.280\ \mu m$$

其中 UV-A 波段,刚好处在可见光光谱外,对人类(生物)无明显影响。在地球表面它的强度不随大气臭氧含量而变化。

UV-B 它具有对人类健康和环境的影响,以及由于大气臭氧的衰减,引起地面 UV-B 的增加,人们最关心的就是这个波段辐射量。

UV-C 在大气层中完全被吸收,地面上观测不到此波段的辐射。

对紫外辐射的测量是困难的,因为到达地面的能量很小。

UV-B 的观测。许多型号的光电管和光电倍增管在这个波段的感应都很灵敏,铯化碲和铷化碲的光电阴极不但对 UV-B 辐射反应灵敏,而且对可见光是盲区,UV-B 的窗口材料一般采用石英。如果采用某些荧光材料做为转换器件,使荧光物体受紫外辐射后的发光波长 0.443 μm,许多光电管在这个波长有强的感应能力。

UV-A 的观测。在这个波段里有相当数量的紫外辐射能够到达地面。这个波段观测比较方便,光电器件对这个波段有很高的感应灵敏度,而且不需要利用高真空技术。

13.8 辐射自动观测仪

13.8.1 仪器

辐射自动观测仪,由辐射表(传感器)与采集器组成。辐射表安装在专用的架子上,仪器排列可参考图 13.12 和图 13.13:

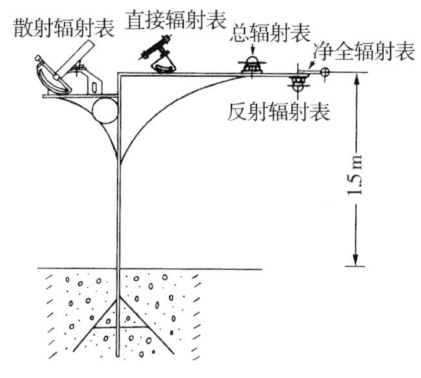

图 13.12 一级站辐射表安置分布图

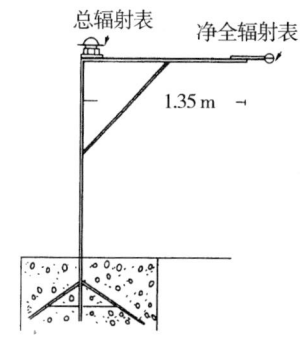

图 13.13 二级站辐射表安置分布图

采集器要求每分钟输出 1 次采样值(实际为 1 分钟内均匀采 6 次加以平均)。仪器的型式较多,基本结构如图 13.14 所示。

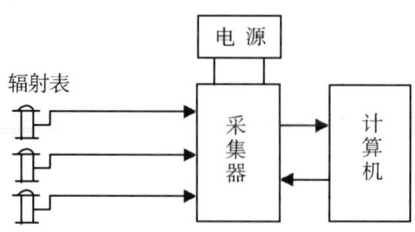

图 13.14 辐射自动观测仪框图

辐射表电信号输入采集器,采集器的功能:
(1)自动采集各辐射表电压 mV 值。
(2)计算各辐射量的辐照度 E;时曝辐量 H,日曝辐量 D。并挑取最大值及出现时间。
(3)存储 3 天以上数据。

计算机与采集器联接,它的功能:
(1)输入时间、仪器灵敏度,气象站各种参数等。
(2)形成各种文件,如日、月报表与 R 文件等。
(3)进行人工干预,如 T_G 观测,辐射表加盖、去盖和输入作用层状况编码等。

13.8.2 灵敏度出错误时记录的处理方法

实际工作中,出现过输错灵敏度 K 或辐射表信号输入插头相互插错的现象,造成观测记录错误。只要知道出错的时间段及正确与错误的 K 值,可以把错误记录改正。

$$E_0(H.D) = E_1(H.D) \times K_1/K_0 \qquad (13.23)$$

式中 E_0,E_1 分别为正确与错误的辐射量;K_0,K_1 分别为正确与错误的灵敏度。

例:某站 7 月初换总辐射表时,误将正确灵敏度 9.50,输错为 8.50。月底发现。改正方法:将该月记录 $H_g(D_g.M_g) \times 8.50/9.50$,即为正确记录。

13.8.3 特殊情况下的观测记录

(1)降水强度大,时间长,为保护仪器,辐射表加盖,(程序输入)这时因辐射量很小,记录自动按 0.00 处理。

全天因降水或其他原因,日最大辐照度为"0"时,则日最大值填"0",出现时间栏空白(非加盖情况下,净全辐射最大值为"0"时,应填出现时间)。

(2)出现强沙尘暴或特强沙尘暴时,危及仪器,辐射表也应加盖,记录按缺测处理。

(3)某日因降水影响,总辐射日曝辐量为 0.00,反射辐射日曝辐量也为 0.00 时,则该日反射比应填"—"(不填 0.00)。

第14章 日 照

14.1 概述

日照是指太阳在一地实际照射的时数。在一给定时间,日照时数定义为太阳直接辐照度达到或超过 120 瓦·米$^{-2}$(W·m^{-2})的那段时间总和,以小时(h)为单位,取1位小数。日照时数也称实照时数。

可照时数(天文可照时数),是指在无任何遮蔽条件下,太阳中心从某地东方地平线到进入西方地平线,其光线照射到地面所经历的时间。可照时数由公式计算,也可从天文年历或气象常用表查出。

日照百分率 =(日照时数/可照时数)×100%,取整数。

观测日照的仪器有暗筒式日照计、聚焦式日照计、太阳直射辐射表等。

14.2 暗筒式日照计

14.2.1 仪器构造

暗筒式日照计又称乔唐式日照计,由金属圆筒(底端密闭,筒口带盖,两侧各有一进光小孔,筒内附有压纸夹)、隔光板、纬度盘和支架底座等构成(见图14.1)。它是利用太阳光通过仪器上的小孔射入筒内,使涂有感光剂的日照纸上留下感光迹线,来计算日照时数。

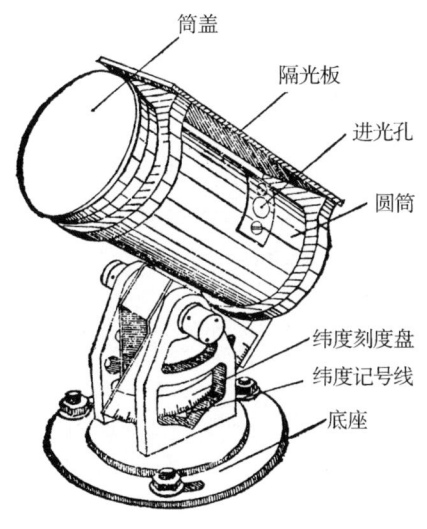

图14.1 暗筒式日照计

14.2.2 安装

日照计要安装在开阔的、终年从日出到日没都能受到阳光照射的地方。如安装在观测场内,要先稳固地埋好一根柱子(高度以便于操作为宜),柱顶要安装一块水平而又牢固的台座(比日照计底座稍大),座面上要精确测定南北(子午)线,并标出标记。再把仪器安装在台座上,仪器底座要水平,筒口对准正北,并将日照计底座加以固定。然后,使支架上的纬度线对准当地纬度值。

如果观测场没有适宜地点,可安装在平台或附近较高的建筑物上。

14.2.3 日照纸的涂药

日照纸的涂药质量,直接关系到日照记录的准确性。因此,对药剂的存放、配制,日照纸的涂刷等都应特别留心。

①药品及药液配制

药品:赤血盐(铁氰化钾 $K_3[Fe(CN)_6]$);

枸橼酸铁铵[枸橼酸铁($FeG_6H_5O_7$)与枸橼酸铵($NH_4)_3G_6H_5O_7$的复盐],又名柠檬酸铁铵。

赤血盐是有毒药品。枸橼酸铁铵是感光吸水性较强的药品,故应防潮,在暗处收藏并妥善保管。

药液配制:赤血盐、枸橼酸铁铵分别与水的比例一般为1:10和3:10,实际操作时应根据药的质量与气象站实际经验灵活掌握配制。

用两个容器分别配好药液。每次配量不可过多,以能涂刷10张日照纸的用量为宜(北方及冬季可以稍多些),以免涂了药的日照纸久存失效。

②涂药的方法和要求

混合涂药法:将已配制好的两种药液,等量混在一起,搅匀,然后按要求进行涂刷。

两步涂药法:先将已配制好的枸橼酸铁铵药液,按要求涂在日照纸上,阴干后供逐日使用。每天换下日照纸后,再在感光迹线处用脱脂棉涂上赤血盐,便可显出蓝色的迹线。

涂刷日照纸应在暗处或夜间弱灯光(最好是红灯光)下进行。涂药前,必须先用脱脂棉把需涂药的日照纸表面逐张擦净(去掉表面油脂,使纸吸药均匀)。

另用脱脂棉蘸药液涂在日照纸上,涂药应薄而均匀。涂好药的日照纸,应在暗处阴干后暗藏备用,严防感光。涂药后,用具应洗净,用过的脱脂棉也不能再使用。

暗筒式日照计日照纸所用药品质量好坏,以及涂药方法是否得当,是造成该仪器测量误差的主要原因。但只要严格按照操作规程,就能保证记录质量。

14.2.4 换纸与记录整理

每日在日落后换纸,即使是全日阴雨,无日照记录,也应照常换纸,以备日后查考。上纸时,注意使纸上10时线对准筒口的白线,14时线对准筒底的白线;纸上两个圆孔对准两个进光孔,压纸夹交叉处向上,将纸压紧,盖好筒盖。

换下的日照纸,应依照感光迹线的长短,在其下描划铅笔线。然后,将日照纸放入足量的清水中浸漂3~5分钟拿出(全天无日照的纸,也应浸漂);待阴干后,再复验感光迹线与铅笔线是否一致。如感光迹线比铅笔线长则应补上这一段铅笔线,然后按铅笔线计算各时日照时数以及全天的日照时数。如果全天无日照,日照时数记0.0。

计算后的日照纸,应由次日白天值班员进行复验,以弥补夜间对迹线辨别不清的缺陷。

14.2.5 检查与维护

每月应检查仪器安装情况,仪器的水平、方位、纬度等是否正确,发现问题,及时纠正。日出前检查日照计的小孔,有无小虫、尘沙等堵塞或被露、霜等遮住。

14.3 聚焦式日照计

14.3.1 仪器构造

聚焦式日照计又称康培司托克式日照计,它由固定在弧型支架两端的实心玻璃球、金属槽(安装自记纸用)、纬度刻度尺和底座等构成(见图14.2)。它是利用太阳经玻璃球聚焦后烧灼日照纸(卡片)留下的焦痕,来记录日照时数的。我国高纬度地区使用这种仪器。

金属槽内有上、中、下三道沟:下面一道,插夏季(4月16日~8月31日)用的长弧型纸片;中间一道,插春、秋季(3月1日~4月15日,9月1日~10月15日)用的直型纸片;上面一道,插冬季(10月16日至次年2月底)用的短弧型纸片。放纸时,12时的时间线应与槽内中线对齐。

14.3.2 安装、换纸与检查维护

安装要求同暗筒式日照计。

日落后换纸,应注意纸型与季节是否匹配,是否插错槽。

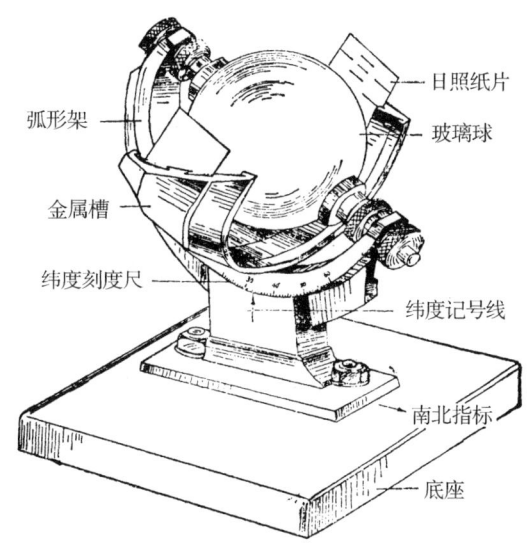

图 14.2 聚焦式日照计

换下纸后,根据纸上的焦痕(不论烧灼程度如何,只要看得出是焦痕就算),夏季短时间的太阳往往使焦痕烧得偏长应扣去,然后计算逐时和全日日照时数。

每日检查一次,安装的方位、水平、纬度等是否正确。应经常保持玻璃球的清洁,如有灰尘可用麂皮或软布擦净,但不能用粗布等擦试,以免磨损玻璃球。如玻璃球上蒙有霜、雾凇等冻结物,应在日出前用软布蘸酒精擦除。有降水时,应加上防雨罩,但在降水稀疏且有日照时,应及时取掉。

聚焦式日照计记录与日照纸质量以及天气条件影响甚大。有的日照纸在太阳或蔽或露的多云天气,使日照纸烧灼的焦痕往往比实际日照时数偏多。阴雨天日照纸受潮使焦痕显不出来造成记录偏小。

14.4 日照传感器

14.4.1 直接辐射表观测日照时数

世界气象组织把太阳直接辐照度 $S \geqslant 120 \text{ W} \cdot \text{m}^{-2}$ 定为日照阈值(算为有日照)。直射表每日自动跟踪太阳输出的信号,自动测量系统把 $S \geqslant 120 \text{ W} \cdot \text{m}^{-2}$ 的时间累加起来,作为每小时的日照时数与每天日照时数,这些数据从采集器中得到。

仪器的安装、使用与维护见 13.4.2。

利用直接辐射表观测日照时数与仪器的跟踪装置是否准确关系极大。用全自动跟踪装置的直接辐射表观测的日照时数最准,可以作为日照检定标准。但普通跟踪装置的直接辐射表跟踪准确度较差,必须加强维护检查,每天上、下午至少要对光点一次,才能保证记录准确。

14.4.2 用总辐射与散射辐射计算日照时数

直射表比别的辐射表多一个跟踪装置,因此,出故障的机会较多,若直射表跟踪出现故障,要及时换上备份仪器。当遇到两个直射表都不能正常工作的特殊情况时,只能通过观测到的总辐射 E_g 和散射辐射 E_d 以及当时的太阳高度角 H_A,计算出水平面直接辐射 S_L、垂直面直接辐射 S,其计算公式为:

$$S_L = E_g - E_d$$
$$S = S_L / \sin H_A$$

再根据计算出的直接辐射 $S \geqslant 120 \text{ W} \cdot \text{m}^{-2}$ 的时间,累加计算日照时数。这种方法只是临时性措施,不能长期使用,应尽快修复直射表。

14.4.3 双金属片日照传感器

双金属片日照传感器由置于聚丙烯圆罩下,相互均匀隔开的 6 对双金属黑化元件构成。当照射在仪器上的直接辐射大于某预设阈值($\geqslant 120 \text{ W} \cdot \text{m}^{-2}$)时(每个仪器的间隙和阈值设置都在仪器下部规格标示牌上注明),被照射的那对双金属片外部黑色元件受热高于内侧背光处元件,导致正向的接触闭合形成电回路,外部和内部的不同弯折度又使它们产生自动擦除动作,形成接触闭合。接触闭合的瞬间和持续时间被采集器作为有日照时间记录下来。

当直接辐射小于预定阈值(或光线变暗),落在白色基板上的散射光反射到内部元件下侧,从而对内部温度进行补偿,这时触点断开,记录无日照。

这种仪器通过聚丙烯罩顶部的风道螺纹管端底部的网孔来通风散热。风道的外形使得在下雪时仍然能正常通风。

仪器安装的地方条件、安装要求与日照计相同。

使用时要注意保持聚丙烯圆罩的清洁。检查仪器底部网屏和间隙中是否有堵塞物以及聚丙烯罩和通风道是否损坏。检查元件的黑色涂层是否褪色或剥落,线路是否断开或者连接处腐蚀。

仪器的校准有两种方法:一种纯技术调整,调整外部调节螺丝间隙,用隙片(厂家出厂时配备的)可以轻轻地被元件对夹紧,形成间歇设定。对元件调节要在暗处进行,并保持温度在15℃左右。另一种对阈值精确调整,利用太阳光源或室内参考光源的标准进行调整。

第15章 地　　温

15.1　概述

下垫面温度和不同深度的土壤温度统称地温。

下垫面温度包括裸露土壤表面的地面温度、草面（或雪面）温度及最高、最低温度。

浅层地温包括离地面 5、10、15、20 cm 深度的地中温度。

深层地温包括离地面 40、80、160、320 cm 深度的地中温度。

地温以摄氏度（℃）为单位，取 1 位小数。

测量地温使用玻璃液体地温表和铂电阻地温传感器。

15.2　玻璃液体地温表

15.2.1　地面和曲管地温表

地面温度表（又称 0 cm 温度表）、地面最高和最低温度表的构造和原理，与测定空气温度用的温度表相同。

5、10、15、20 cm 曲管地温表的结构和原理基本同上，只是表身下部伸长、长度不一，并且在感应部分上端弯折，与表身成 135°夹角。

（1）观测地段与仪器安装

地面和浅层地温的观测地段，设在观测场内南面平整出的裸地上，地段面积为 $2 \times 4 \ m^2$。地表疏松、平整、无草，并与观测场整个地面相平。

地面 3 支温度表须水平地安放在地段中央偏东的地面，按 0 cm、最低、最高的顺序自北向南平行排列，感应部分向东，并使其位于南北向的一条直线上，表间相隔约 5 cm；感应部分及表身，一半埋入土中，一半露出地面（见图 15.1）。埋入土中部分的感应部分与土壤必须密贴，不可留有空隙；露出地面部分的感应部分和表身，要保持干净。

曲管地温表安装在地面最低温度表的西边约 20 cm 处，按 5、10、15、20 cm 深度顺序由东向西排列，感应部分向北，表间相隔约 10 cm；表身与地面成 45°夹角，各表表身应沿东西向排齐，露出地面的表身须用叉形木（竹）架支住（见图 15.2）。

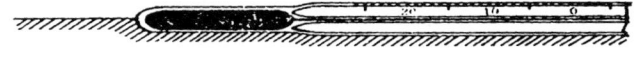

图 15.1　地面温度表安装示意图

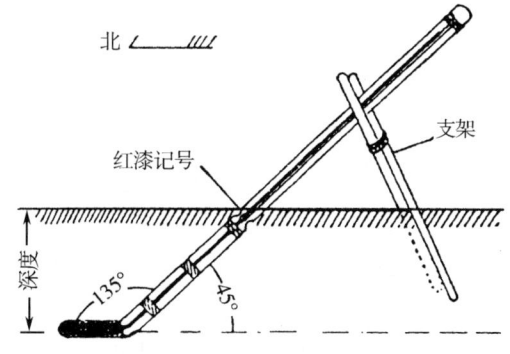

图 15.2　曲管地温表安装示意图

安装时，须按上述要求，先在地面划出安装位置，然后挖沟。表身露出地面的沟壁（称南壁）呈东西向，长约 40 cm，沟壁往下向北倾斜，与沟沿成 45°坡；沟的北壁呈垂直面，北沿距南沿宽约 20 cm；沟底为阶梯形，由东至西逐渐加深，每阶距地面垂直深度分别约为 5、10、15、20 cm，长约 10 cm。沟坡与沟底的土层要压紧。然后安放地温表，使表身背部和感应部分的底部与土层紧贴，各表的深度、角度和距离均符合安装要求，再用土将沟填平。填土时，土层也须适度培紧，使表身与土壤间不留空隙。整个安装过程，运作应轻巧，以免损坏仪器。

为便于正确安装地温表和日后检查深度变化，在安装前用米尺和量角器量准地温表埋置的深度部位，并在表身的相应处做一红漆记号，安装后的土面应与记号平齐。

为了避免观测时践踏土壤，应在地温表北面相距约 40 cm 处，顺东西向设置一观测用的栅条式木制踏板。踏板宽约 30 cm，长约 100 cm。

(2) 观测和记录

0、5、10、15、20 cm 地温表于每日 02、08、14、20 时观测；地面最高、最低温度表于每日 20 时观测一次，并随即进行调整。编发天气报和加密天气报的气象站，当 08 时地面最低温度可能出现在 ±5℃ 之间时，应于 08 时观测一次地面最低温度。各种地温表观测读数要准确到 0.1℃。

观测时，要踏在踏板上，按 0 cm、最低、最高和 5、10、15、20 cm 地温的顺序读数。观测地面温度时，应俯视读数，不准把地温表取离地面。读数记入观测簿相应栏，并进行器差订正。

地面和曲管地温表被水淹时，可照常观测，其中地面 3 支温度表应水平地取出水面，迅速进行读数。在拿取地温表时，须注意勿使水银柱、游标滑动，手也不能触及地温表感应部分。若遇地温表漂浮于水中，则记录从缺。

地面 3 支温度表被雪埋住时，在降雪或吹雪停止后，应小心将表从雪中取出（勿使水银柱、游标滑动），水平地安装在未被破坏的雪面上，感应部分和表身埋入雪中一半。当发现表身下陷雪内，或在观测前巡视时表身又被雪埋住时，均应将表重新安装在雪面上。读数时若感应部分又被雪盖，可照常读数。

在积雪较浅或积雪时间较短的地区，当积雪掩没曲管地温表时，可以把雪拨开观测（沿地温表表身拨开一道缝，露出刻度线即可）。但积雪时间较长且积雪较深的地区，在积雪掩没曲管地温表后，即停止观测。

冬季易冻折曲管地温表的地区，在土壤临近冻结时，应将曲管地温表全部收回，待次年解冻后再重新安装观测。若服务需要，可不收回，但须将支撑表身的叉形架拆除。

在观测中发现地面温度表损坏，可用地面最低温度表酒精柱读数代替。

当地面温度值降到 -36.0℃ 以下时，只读地面最低温度表的酒精柱和游标示度，并以经器差订正后的酒精柱读数作为 0 cm 记录，地面最高温度表停止观测，记录从缺。

上述情况均应在备注栏注明。

(3) 观测地段和仪器维护

①裸地表土应保持疏松、平整、无草，雨后造成地表板结时，应及时将表土耙松。

②必须经常注意地面 3 支温度表感应部分的安装状态，切实做到一半埋入土中（球部与土壤须密贴），一半露出地面；露出地面部分要保持干净，及时擦拭掉沾附在上面的雨、露、霜、尘土等。每天 20 时观测后和大风、雷雨天气过后，应认真检查一次，保证安装正常。

每月检查一次曲管温度表的安装状况。安装深度、角度超过允许误差时，应立即纠正。

③场地有积水或遇有强降水时，为防止地面的 3 支温度表漂动，可用竹、木或金属丝做成的叉形物叉住表身。

④在夏季高温的日子里，为防止地面最低温度表失效，应在早上温度上升后观测一次地面最低，记入观测簿 08 时栏，随后将地面最低温度表收回，并使其感应部分向下，妥善立放室内或于阴蔽处。20 时观测前巡视时再放回原处（游标须经调整）。若遇雷雨天气，因可能有显著降温，应提前将表放回原处，以免漏测最低温度。

⑤在可能降雹之前,为防止损坏地面温度表和曲管地温表,应罩上防雹网罩,雹停后立即取掉。

⑥冬季,为防止潮湿土壤冻结时冻住和损坏地面3支温度表,可事先用等量的凡士林和机油的混合物,涂抹表身贴地的一面;但在调整温度表时,注意勿使表从手中滑脱。

15.2.2 直管地温表

40、80、160、320 cm 直管地温表是装在带有铜底帽的管形保护框内,保护框中部有一长孔,使温度表刻度部位显露,便于读数。保护框的顶端连接在一根木棒(或三节棒)上,木棒长度依深度而定。整个木棒和地温表(保护框)又放在一根硬橡胶套管内。木棒顶端有一个金属盖,恰好盖住硬橡胶套管。木棒上几处缠有绒圈,金属盖内装有毡垫,以阻滞管内空气对流和管内外空气交换,也可防止降水等物落入(见图15.3)。

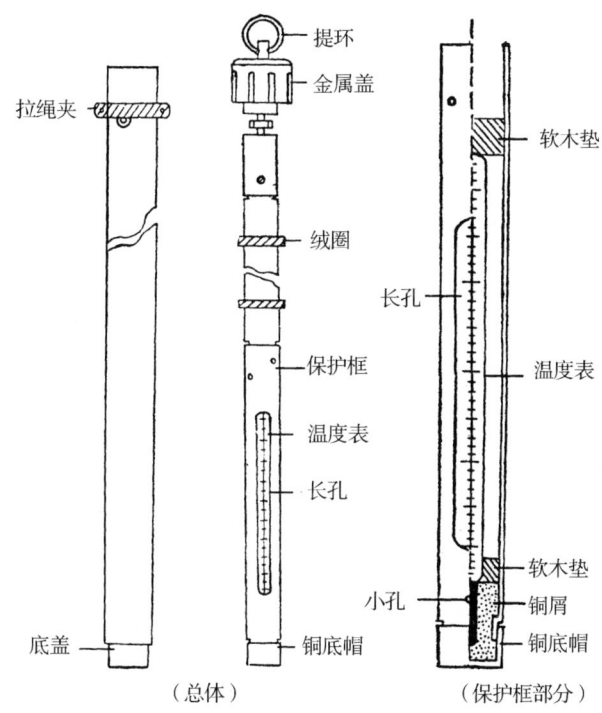

图 15.3 直管地温表组合图

(1)观测地段与仪器安装

在观测场内南面,标出一块地面有自然覆盖物(草皮或浅草层,不长草的地区除外),面积为 $3 \times 4\ m^2$ 的范围,作为深层地温的观测地段。地段的地面要与观测场其他地面一样平坦,若有洼陷,应及时垫平和植上草层,草层应与观测场上草层同高。

直管地温表安装应自东向西,由浅而深,表间相隔约 50 cm,在地段中部排列成一行。应尽量采用钻孔法将直管地温表的套管垂直埋入土中。套管埋放后,要使各表感应部分中心距离地面的深度符合要求,并把管壁四周与土层之间的空隙用细土充填、捣紧。

为了保护地段的草层和有积雪时的积雪层,在地温表北边约 30 cm 处,应设置一个木制观测台架。架宽约 30 cm,长度按观测方便而定,高度与地温表外管露出地面的高度相同(无积雪或积雪不深的地方,台架高度可适当放低)。

(2)观测和记录

40 cm 地温表于每日 02、08、14、20 时观测;80、160、320 cm 地温表于每日 14 时观测一次。观测和记录要求,同地面、曲管地温表。

观测深层地温时,应在台架上按由浅至深的顺序,把直管地温表从套管中迅速取出读数;观测后将表轻轻插回套管,盖好顶盖。

观测时,若正降大雨,为了不使雨水落入直管地温表的套管中,可适当延迟直管地温表的观测。

在积雪时,直管地温表照常观测。在积雪较深的地区,为避免积雪掩没直管露出地面部分,应事先在管外再附加一个套筒(直径比原套管稍大,长度以积雪不会掩没筒顶为宜,用塑胶或金属管自制),并加顶盖。套筒顶盖须系一根绳子,绳的下端系在直管表顶盖的环上,用以观测时提取地温表。

(3)仪器维护

①经常注意检查直管地温表的套管内有无积水。检查时,可在长棒上缚以吸水物来进行。若发现有水,应及时用竹杆或长棒缚上海绵、棉花等易吸水物反复插入管内将水蘸干。若管内经常积水,则应查明原因,视情况进行修理或更换硬橡胶套管。

②每月检查一次地温表安装状况,并经常注意地温表保护框的清洁,特别要清除保护框铜底帽上的泥垢。

15.3 铂电阻地温传感器

铂电阻地温传感器的测量原理与铂电阻气温传感器相同。

测量土壤温度的传感器外形较粗,时间常数较大。

测量草温及雪面温度用同一传感器,其性能与气温传感器相同。

15.3.1 地面和浅层地温传感器的安装与维护

(1)安装

自动观测系统中的地面温度和浅层地温的观测地段,设在原安装地面温度表和曲管地温表东侧的裸地内,地表应疏松、平整、无草,并与观测场地相平。

地面温度传感器一半埋入土中,一半露出地面。埋入土中部分必须与土壤密贴,不可留有空隙,露出地面部分应保持干净。

与地面温度传感器连接的电缆掩埋入浅土层中。

5、10、15、20 cm 地温传感器按图 15.4 穿入相应的板条孔中,感应头朝南。

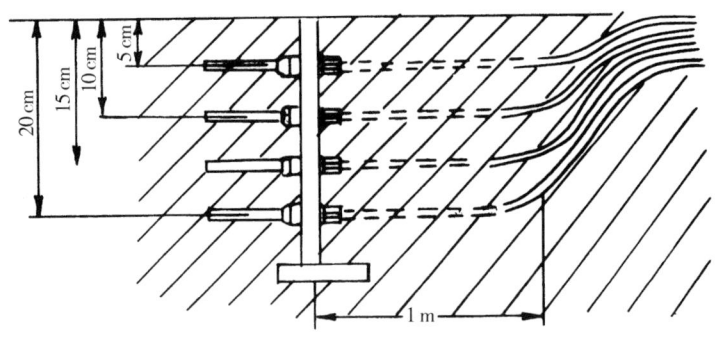

图 15.4 浅层地温传感器安装示意图

板条全长 250 mm,宽 30 mm,厚 5 mm。板条用木料或硬塑料等不易导热的材料制成。

浅层地温传感器的安装如图 15.4 所示。

与各浅层地温传感器连接的电缆应有 1 m 左右的长度埋入大致相应的土中,然后引入地沟内。

(2)维护

①保持安放地面温度传感器和浅层地温传感器的裸地地面疏松、平整、无草,雨后及时耙松板结的地表土。

②查看地面温度传感器和浅层地温传感器的埋设情况,保持地面温度传感器一半埋在土内,一半露出地面,擦拭沾附在上面的雨露和杂物,浅层地温安装支架的零标志线要与地面齐平。

(3)铂电阻地面温度传感器被积雪埋住时仍按正常观测,但需在观测簿备注栏注明。

15.3.2 深层地温传感器的安装与维护

(1)安装

深层(40、80、160、320 cm)地温传感器各安装在一根木棒(或三节棒)上,木棒的长度依深度而定(可使用原直管温表的木棒)。整个木棒及传感器放在专用套管内。木棒顶端有一个金属盖,用以盖住专用套管。木棒上几处缠有绒圈,金属盖内装有毡垫,以阻滞管内空气对流和管内外空气交换,也可防止降水等物落入。其组装如图 15.5 所示。专用套管安装在人工观测的直管地温表套管的南侧 50 cm 处,并一一对应。然后将传感器安装在相应的专用套管内。

套管的安装方法与直管地温表相同。

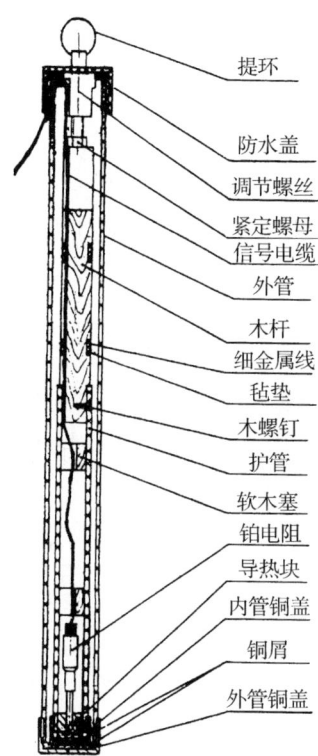

图 15.5 深层地温传感器组装示意图

(2)维护

注意检查深层地温硬橡胶套管内是否有积水,如有积水,应用头部缚有棉花或海棉的竹杆插入管内将水吸干,如发现套管内经常积水,则应检查原因,进行维修。

15.3.3 草面(或雪面)温度传感器的安装与维护

(1)安装

草温/雪温的观测区域位于裸地地温观测区西侧,草地面积约 1 m²。传感器安装在距地 6 cm 高度处,并与地面大致平行。连接电缆大部分埋设在土壤中,但在传感器一端有 0.5 m 左右的电缆露出地面,可方便移动。

在冬季,当有降雪但未掩没草层时,继续进行草温观测。当积雪掩没草温传感器时,将传感器置于原来位置的雪面上,这时测量雪面温度,并在观测簿备注栏内注明起止日期。积雪融化后,继续观测草温。

观测场无草层的台站,仍按上述方法观测。

(2)维护

当草株高度超过 10 cm 时,应修剪草层高度。

观测雪温期间,应经常巡视雪温传感器,使其置于积雪表面上。其操作方法与人工观测地面温度表有积雪时的操作方法相同。

第16章 冻 土

16.1 概述

冻土是指含有水分的土壤因温度下降到0℃或以下而呈冻结的状态。

承担冻土观测的气象站,应根据埋入土中的冻土器内水结冰的部位和长度,来测定冻结层次及其上限和下限深度。冻土深度以厘米(cm)为单位,取整数,小数四舍五入。

16.2 冻土器

16.2.1 冻土器及其安装

冻土器由外管和内管组成(见图16.1)。外管为一标有0 cm刻度线的硬橡胶管;内管为一根有cm刻度的橡皮管(管内有固定冰用的链子或铜丝、线绳),底端封闭,顶端与短金属管、木棒及铁盖相连。内管中灌注当地干净的水(河水、井水、自来水等)至刻度的零线处。

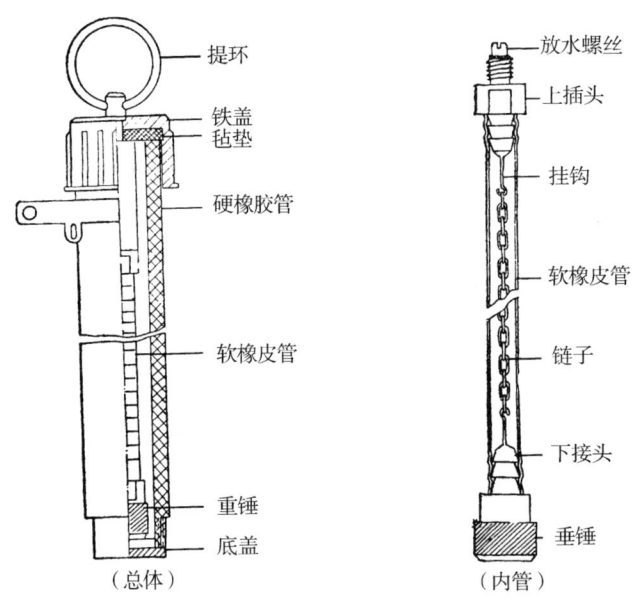

图16.1 冻土器

气象站须根据当地可能出现的最大冻土深度,采用长度规格适用的冻土器。

冻土器应安装在观测场内有自然覆盖物的地段。有直管地温表的气象站,可安装在直管地温场中320 cm深层地温表的西边,相距约50 cm。外管和内管的零线刻度要平齐,并与地表在同一水平面上,其他安装要求和方法均同直管地温表。

16.2.2 观测和记录

当地面温度降到0℃或以下,土壤开始冻结时,应在每日08时观测一次冻土,直至次年土壤完全解冻为止。

观测时,一手把冻土器的铁盖连同内管提起(见图16.2),用另一只手摸测内管冰(包括冻结得不够坚实的冰柱)所在位置,从管壁刻度线上读出冰上下两端的相应刻度数,即分别为此一冻结层的上、下限深度值,记入观测簿当天冻土深度栏。冻土深度观测完毕即将内管重新插入,并盖好盖子。

遇有两个或以上冻结层,应分别测定每个冻结层的上、下限深度,并按由下至上的层次,顺序记入观测簿冻土深度栏。冻土深度不足 0.5 cm 时,上、下限均记"0"。

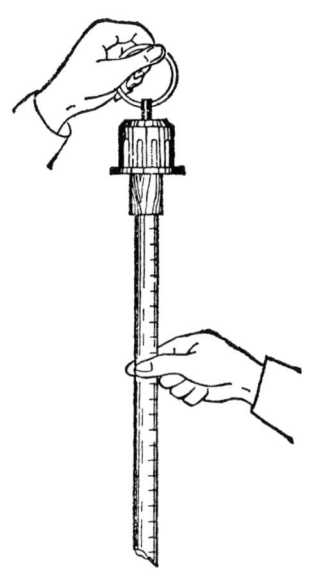

图 16.2 冻土器观测示意图

如某次测到两个冻结层,上面一段冰柱在 0 cm 至 7 cm 间,下面一段冰柱在 20 cm 至 150 cm 间,在中间段未冻结。则第一栏记下面一段冰柱的测定值,上限深度记"20",下限深度记"150";第二栏记上面一段冰柱的测定值,上限深度记"0",下限深度记"7"。

当冻结层的下限深度超出最大刻度范围时,应记录最大刻度数字,并在数字前加记">"符号,如 >×××。待冻土期结束后,应换用更长规格的冻土器。

观测操作力求迅速,尽量勿使内管弯折。遇结冰不够坚实或气温较高时尤须小心,尽量避免冰柱滑动或消融。

16.2.3 维护

(1)当内管水量不足时,应及时补充加水。但不能在临近观测前加水,以免水温偏高影响记录。内管灌水时,应注意不能使水柱中余留气泡。

(2)注意内管是否漏水,管里的链子(铜丝或线绳)是否牢固,若有漏水或不牢固,应及时修复。

(3)勿使降水和其他物体落入外管内,否则应及时清除。

(4)每年使用冻土器前,应注意检查内管、外管的零线与地面是否齐平。若产生位移,应在土壤冻结前调整好。冻土期结束后,应将内管的水放掉,晾干,收回室内妥善保管;外管口用不渗水的物品包扎牢。

(5)在冻结较深的地区,为提取内管和观测的方便,可在靠近冻土器的东北侧设一吊架供观测时吊取内管用。

第17章 电线积冰

17.1 概述

雨凇、雾凇凝附在导线上或湿雪冻结在导线上的现象,称为电线积冰。附着在导线上的霜、干雪花和沾附的雨滴,因气温下降至零下而冻结少量的冰,都不作为电线积冰。

从积冰架上的导线开始形成积冰起,至积冰消失止,称为一次积冰过程。有电线积冰观测任务的气象站,须视机测定每一次积冰过程的最大直径和厚度,以毫米(mm)为单位,取整数。当所测的直径达到以下数值时,尚须测定一次积冰最大重量,以克/米(g/m)为单位,取整数:

单纯的雾凇　　　　　　　　　　　　　　　　　　　　　　　　　　　15 mm
雨凇、湿雪冻结物或包括雾凇在内的混合积冰　　　　　　　　　　　　　8 mm

电线积冰观测,应在电线积冰架上进行。

17.2 电线积冰架和观测辅助工具

17.2.1 电线积冰架

电线积冰架一般由两组支架组成,一组呈南北向,一组呈东西向,两组之间距离(约150~200 cm)以互不影响、方便操作为宜。

每一组支架,包括两根支柱和两根导线。支柱采用 50 mm × 50 mm × 5 mm 规格的角钢,支架总长约 280 cm,具体尺寸见图 17.1,采用直径约 4 mm(又称8号)、长 100 cm 铁(钢)丝作为导线,两端在距端点 5 cm 处弯成直角。两根导线分别水平横挂在支柱的上下绊钉上,上绊钉拧在支柱上部的一侧,下绊钉拧在支柱下部的相反一侧,导线两端须能自由地插入绊钉孔中并容易取出,但在插入绊钉孔后,导线应不产生移动或滚动。

南北向支架和东西向支架上的上导线,合称为"第一对"导线;两个方向上的下导线,称为"第二对"导线。应有两根备份导线,供测定积冰重量时调换使用。

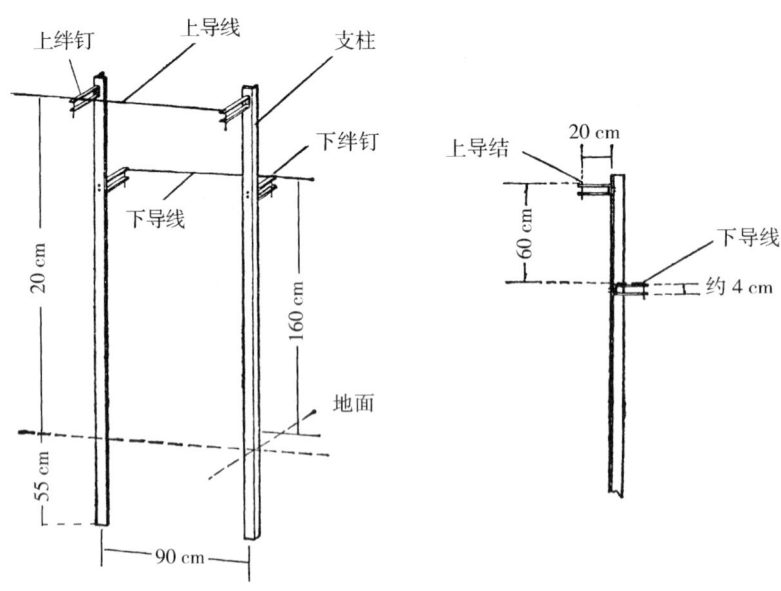

图 17.1　电线积冰架

在积冰比较严重,设置两对导线不够使用的气象站,可在两个方向上再分别增设一组支架,架设要求同前述。增设的两组支架的上导线合称"第三对"导线,下导线合称"第四对"导线。

在积冰严重地区,积冰架上有发生上下两根导线上的积冰过于靠近、甚至相连情况的气象站,可在两个方向上多设置几组支架,并将每组支架改为只挂置离地220 cm高的一根导线。

为便于观测,应配置活动小梯或踏凳,但不能靠着支柱。支柱和绊钉的外表,应镀锌或刷上油漆,以防锈蚀。

17.2.2 观测辅助工具

(1)合页箱:用以截取导线上的积冰物(见图17.2)。它是一个25 cm长,两端封闭的金属圆筒,筒分开上下两半,一边用合页连接。筒的直径,一般有15 cm和25 cm两种。每种规格的合页箱应各配两个,一个供东西向导线用,另一个供南北向导线用。为避免记录发生混淆,箱外应标明方向,定向专用。

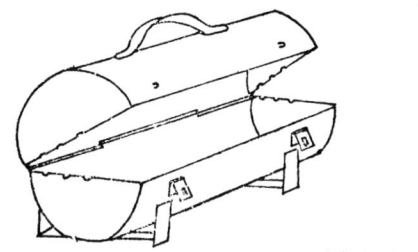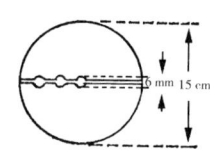

图17.2 合页箱

冰严重地区,配有25 cm直径合页箱还不敷使用的气象站,可以再配置直径为40 cm的合页箱两个。

(2)量杯:通用毫升(ml)量杯,用以测定积冰重量。

(3)台秤:单位为克(g),用以测定积冰重量。

(4)外卡钳:用以测定积冰直径和厚度。

(5)米尺:用以测定积冰直径和厚度。

(6)手锯、鱼尾钳、三棱刮刀、喷灯:用以切割和清除积冰。

17.3 观测和记录

17.3.1 积冰过程的观测

(1)进入积冰季节,应注意积冰架导线上有无积冰形成。当积冰开始形成时,要在观测簿当日的电线积冰"记事"栏,分方向记载冻结现象符号和开始时间;积冰完全消失,应记下终止时间。冻结现象为雾凇者,记∨符号;为雨凇或湿雪冻结物者,均记∞符号。前后两者同时形成时,则并记两者符号;两者先后相继形成时,其符号和起止时间的记录方法均同"天气现象"栏的规定。当积冰延续至次日时,当日终止时间记至20时止,并于次日"记事"栏再一次记上冻结现象符号(如前一段积冰是∨和∞混合者,两种符号并记),开始时间为20时起。

(2)开始积冰后,应注意观察"第一对"导线上积冰的变化。为便于观察,可在这一对导线的一端随时清除掉一小段冰层,视这段光裸导线有否冰层形成,来判别它的变化状况。当积冰积聚相当数量,结合天气条件估计已达本次积冰的最大程度,如果再保持下去有可能发生大崩塌的情况时,即应在"第一对"导线上进行该次积冰最大直径、厚度的测量。当直径达到规定标准时,还应测量最大重量。记录分别填入相应栏。

积冰的形成和变化是复杂的,有时会出现一个方向导线上有积冰,另一个方向上没有;或两者起止时间早迟不一;或一个方向达到测重标准,另一个方向未达到测重标准等等。遇到这类情况,对两个方向的积冰应分别按测量规定照实记载。

在积冰严重,一次积冰过程持续日子较长的情况下,要做到一次测量即能获得本次过程的最大值是困难的。很可能在第一次测量后,积冰并未发生大崩塌,或在崩塌之后(未崩塌完)又开始了新的增长。

此时，须在"第二对"导线上对冰层状况继续观察，方法同"第一对"导线。当"第二对"导线积冰直径、厚度已超过"第一对"的测量值时，须作出判断，选择适当时机再在"第二对"导线上进行测定。该次测量的各项数值，也应记入观测簿中有关栏。

若1天内进行了两次测量（不论是一次积冰过程还是两次积冰过程），应将第二次记录按照电线积冰栏的格式记入该日备注栏。

若第二次测定仍未达到要求，则应继续对"第三对"导线上的冰层进行观察和测定，具体要求同"第二对"导线的使用。"第四对"导线的使用法同此。

（3）一次积冰过程，一般可以包括积冰的发展、保持、崩塌或消融几个阶段。这几个阶段可能顺次出现，也可能反复交错出现，时间长短不一。往往积冰在总的增长过程中，会夹杂出现一些较小的崩塌现象。只有当积冰增长至本次过程的最大程度时，在随之而来的崩塌之前，是进行积冰最大直径、厚度和重量测定的时机。这个时机可在观察的基础上，结合天气条件和实践经验来具体判断。某次若因估计不足等原因，造成在积冰发生较大崩塌前未能测定最大直径、厚度和重量时，可在发现崩塌时，立即进行测定。同时，在备注栏注明情况，及崩塌前的积冰直径、厚度的大概状况。

（4）每次测定积冰重量之后，随即还应观测气温和风向、风速（2分钟平均）1次，记录在观测簿当天"南北"向的相应栏中。若遇上只测定积冰直径、厚度而不测定重量的情况时，此项观测应在测定厚度之后进行。若两个方向导线上的积冰不是一次相继测定的，则在每一个方向积冰测定后，都须观测气温和风向、风速，并区别方向填入观测簿。

17.3.2 测量方法

（1）积冰直径和厚度的测量：测积冰直径是指垂直于导线的切面上冰层积结的最大数值线，导线直径包括在内；积冰厚度是指在导线切面上垂直于积冰直径方向上冰层积结的最大数值线，厚度一般小于直径，最多与直径相等（见图17.3）。

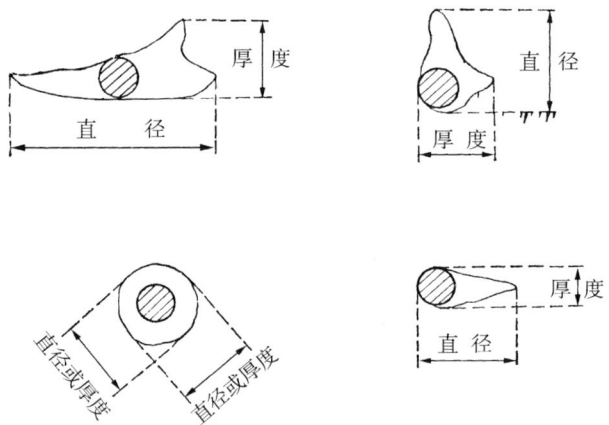

图17.3 不同形状冰层直径测法

测定时，先把外卡钳两脚尖张开，对着冰层选定的部位，再慢慢收拢到脚尖刚好挨着冰层，使两脚尖之间的距离相当于冰层的直径。然后把卡钳放在米尺上，读取两脚尖的距离，准确到1 mm。随即再依此法测量冰层的厚度。测量时应小心，不要触落冰层。

冰层的表面往往不很整齐，因此导线上各点的冰层切面不完全相同，测量时应区别对待（见图17.4）。一般情况下，应在导线的中央部分测量。当冰层上有较大的隆突部分，但隆突部分数量很少，分布稀疏，测量时可不予考虑，而按多数冰层的切面测定；若隆突部数量较多，分布较密，测量时应按隆突的大小适当地加以平均。

（2）积冰重量的测量：积冰重量是指1 m长导线上冰层的重量。

测量松脆冰层（例如雾凇）的重量时，应先把张开的合页箱的下半部分，从选定的冰层下方伸过去，让导线能嵌入合页箱横壁上适当的缺口位置，再将合页箱上半部分合拢扣上，导线上的冰层就有25cm

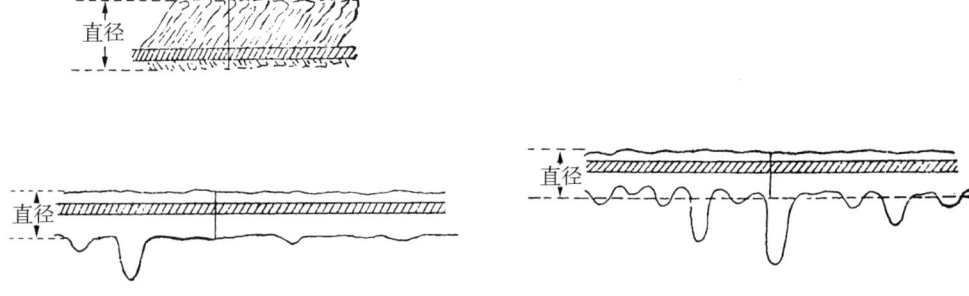

图 17.4　不同形状冰层直径测法

长的一段进入箱内,让合页箱连同冰层暂时挂在导线上。然后,用刮刀、喷灯等着手除去导线两端绊钉上的冰层,再用两手握住导线两端,把导线连同挂在上面的合页箱一起水平地取下来。假使冰层很坚硬(如雨凇),则应在套上合页箱之前,用锯在选定的冰层上锯两个切口。切口彼此距离 25 cm。每个切口应分别向导线端点方向适当扩大(可用钳子将冰夹碎),使合页箱能在导线上扣合,并恰好将 25 cm 长的完整冰段扣在箱内。把导线连同合页箱从积冰架上水平地取下来,随即把备份导线挂到积冰架上。然后将合页箱带回室内,待冰层融化后,取出导线,把水注入毫升量杯,量得的数值就是 25 cm 长的冰层重量值(g)。再将此值乘以 4,即得 1 m 长导线的冰层重量。若有台秤,也可将带回室内的合页箱直接称量,然后扣除合页箱和导线的重量(应事先称好,并标明重量值),即得 25 cm 长冰层段的重量;再将此值乘以 4,便是 1 m 长导线上的冰层重量。

积冰严重的地区,每当取下导线十分困难,或积冰直径已超过所具备的合页箱直径时,在测定积冰时也可改为只取冰层,不取走导线的做法。其方法是:将合页箱张开置于选定的冰层下方,用锯、刮刀、钳子仔细地直接取下 25 cm 长的冰层,再将盛冰的合页箱带回进行称量。取冰时应小心操作,不要散失应取下的积冰。事后,应随即刮去这根导线上多余的冰层。

如果由于某种原因,从导线上测定的完整冰层段的长度不足 25 cm 时,则应按下式换算成 1 m 长导线上的冰层重量。

$$1 \text{ m 长导线上的冰层重量}(g) = \frac{\text{冰层的重量值}}{\text{被测量的冰层长度}} \times 100$$

17.4　注意事项

(1) 每年非积冰季节,应将绊钉、导线和合页箱等金属器械、工具擦干净,适当涂油,防止锈蚀。在积冰季节临近前,再把积冰架等各项用具检查擦拭一次,并安装好导线。

(2) 为防止积冰时导线在绊钉孔中冻住,可事先在绊钉孔内外和导线两端的插入段上,涂上一些油脂(用机械油和凡士林油等量混合配制)。但要注意切勿把油脂沾到导线的水平段上,以免影响积冰的形成。

(3) 在积冰过程中,为了勿使支柱上的积冰影响导线上积冰的发展与变化,可视具体情况,适当刮除附着在支柱上的积冰物。

第18章 地面状态

18.1 概述

地面状态是未经翻耕保持自然的地表状况。

地面状态划分为两种类型,二十种状况,并以00~19二十个数码表示(见表18.1):

表18.1 地面状态分类及编码表

类 型	编 码	地 表 状 态 分 类
Ⅰ		没有雪或冰覆盖
	00	地面干(没有裂缝并无沙尘掩盖的地面)
	01	地面微湿
	02	地面湿(地面上洼处有积水)
	03	洪水
	04	地面冻结
	05	地面有雨凇
	06	干松沙尘掩盖地面,但未全部掩盖
	07	薄薄一层干松沙尘掩盖全部地面
	08	中等或厚的一层干松沙尘掩盖全部地面
	09	极干并有裂缝
Ⅱ		有雪或冰覆盖
	10	大部分地面被冰覆盖
	11	密实雪或湿雪(伴有或不伴有冰)覆盖不到地面一半
	12	密实雪或湿雪(伴有或不伴有冰)覆盖一半以上地面,但不完全覆盖
	13	均匀的密实雪层或湿雪层完全覆盖地面
	14	不均匀的密实雪层或湿雪层完全覆盖地面
	15	干松雪覆盖不到地面一半
	16	干松雪覆盖一半以上地面,但不完全覆盖
	17	均匀的干松雪层完全覆盖地面
	18	不均匀的干松雪层完全覆盖地面
	19	雪完全覆盖地面;堆积深

18.2 场地的选择

在观测场附近(或观测场内)选择一块约 2 m×5 m 面积的自然地面作为观测地面状态的特选场地,用于观测干、湿、积水和地面冻结这四种地面状态。该场地应是平整的自然土地,可代表周围一般地面状况。其他地面状态的观测可用观测场四周的一般土地,不限于特选场地。

18.3 观测记录

(1)按表18.1划分的两种类型二十种状况观测地面状态,并以对应的编码进行记录。

(2)地面状态的"干"与"湿"一般是根据被太阳晒干的地面与被雨水浸湿的地面在颜色和软硬程度上的不同来区别的。对同一地面,湿时颜色比干时要深,用手按时发软,会下凹;干时手按上去是硬的,颜色较湿时淡。

(3)有霜、露,已使地面湿润时,地面状态观测为"湿";草木上有霜、露而地面仍干燥时不应观测为

"湿"。

(4)微雨,地面颜色基本未变,应观测为"干"。

(5)因露仅草根处显湿,而其他地面不湿记"干"。

(6)雪水指雪融化形成的水。当雪水单独存在,并无冰雪时,地面状态应观测为"积水"。

(7)雹覆盖地面时,地面状况按冰雪覆盖进行观测。

(8)干松的雪一般都是颗粒很小,很易被风吹起,积在地面上的雪片大多都能辨出六角形的轮廓,靠近地面的雪没融化成水或冻结成冰,落在衣物上易甩掉,用手将雪握紧,松开后不成团而仍分开;而非干松的雪则多为大片如柳絮,而没有上述干松雪所表现出的特征。

第三编 自动气象观测系统

第19章 自动气象观测系统

19.1 概述

自动气象观测系统,从狭义上说是指自动气象站,从广义上说是指自动气象站网。自动气象站是一种能自动地观测和存储气象观测数据的设备。如果需要,可直接或在中心站编发气象报告,也可以按业务需求编制各类气象报表。

自动气象站网由一个中心站和若干自动气象站通过通信电路组成。

自动气象站有不同的分类方法,按提供数据的时效性,通常分成实时自动气象站和非实时自动气象站两类。

实时自动气象站:能按规定的时间实时提供气象观测数据的自动气象站。

非实时自动气象站:只能定时记录和存储观测数据,但不能实时提供气象观测数据的自动气象站。

根据对自动气象站人工干预情况也可将自动气象站分为有人自动站和无人自动站。

19.2 结构及工作原理

19.2.1 体系结构

自动气象站由硬件和系统软件组成,硬件包括传感器、采集器、通信接口、系统电源、计算机等,系统软件有采集软件和地面测报业务软件。为了实现组网和远程监控,还须配置远程监控软件,将自动气象站与中心站联接形成自动气象观测系统(见图19.1)。

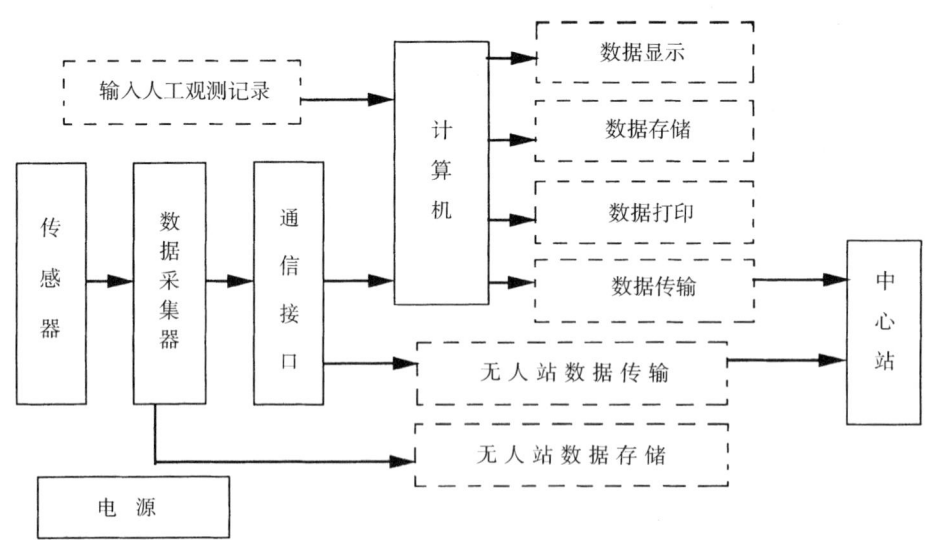

图 19.1 自动气象观测系统框图

现用自动气象站主要采用集散式和总线式两种体系结构。集散式是通过以 CPU 为核心的采集器集中采集和处理分散配置的各个传感器信号;总线式则是通过总线挂接各种功能模块(板)来采集和处理分散配置的各个传感器信号。

第19章 自动气象观测系统

19.2.2 工作原理

随着气象要素值的变化,自动气象站各传感器的感应元件输出的电量产生变化,这种变化量被CPU实时控制的数据采集器所采集,经过线性化和定量化处理,实现工程量到要素量的转换,再对数据进行筛选,得出各个气象要素值,并按一定的格式存储在采集器中。

在配有计算机的自动气象站,实时将气象要素值显示在计算机屏幕上,并按规定的格式存储在计算机的硬盘上。在定时观测时刻,还将气象要素值存入规定格式的定时数据文件中。根据业务需要实现各种气象报告的编发,形成各种气象记录报表和气象数据文件。

通过对自动站运行状态数据的分析,实现自动站的远程监控。

19.2.3 主要功能

(1)自动采集并存储气压、温度、湿度、风向、风速、雨量、蒸发量、日照、辐射、地温等全部或部分气象要素。

(2)按业务需求通过计算机输入人工观测数据。

(3)按照7.5节中海平面气压计算公式自动计算海平面气压;按照附录2湿度参量的计算公式计算水汽压、相对湿度、露点温度以及所需的各种统计量。

(4)编发各类气象报告。

(5)按《地面气象观测数据文件和记录簿表格式》形成观测数据文件。

(6)编制各类气象报表。

(7)实现通信组网和运行状态的远程监控。

19.3 硬件

自动气象站有多种类型,其结构基本相同,主要由传感器、采集器、系统电源、通信接口及外围设备(计算机、打印机)等组成。

19.3.1 传感器

能感受被测气象要素的变化并按一定的规律转换成可用输出信号的器件或装置,通常由敏感元件和转换器组成。

自动气象站常用的传感器有:

气压——振筒式气压传感器(见7.4.1)、膜盒式电容气压传感器(见7.4.2)

气温——铂电阻温度传感器(见8.7)

湿度——湿敏电容湿度传感器(见8.10)

风向——单翼风向传感器(见9.6)

风速——风杯风速传感器(见9.6)

雨量——翻斗式雨量传感器(见10.3)

蒸发——超声测距蒸发量传感器(见12.2.5)

辐射——热电堆式辐射传感器(见13.2~13.6)

地温——铂电阻地温传感器(见15.3)

日照——直接辐射表(见13.4.1)、双金属片日照传感器(见14.4.3)

19.3.2 数据采集器

数据采集器是自动气象站的核心,其主要功能是数据采样、数据处理、数据存储及数据传输,其主要技术性能为:

(1)数据采样速率及算法符合19.5的规定;

(2)采集器的电源能保证采集器至少7天正常工作,数据存储器至少能存储3天的每分钟气压、气温、相对湿度、1分钟平均风向和风速、降水量和下表所列各项目的每小时正点观测数据,能在计算机中形成规定的数据文件(详见《地面气象观测数据文件和记录簿表格式》)。

2分钟平均风向	露点温度	最低草温/最低雪温
2分钟平均风速	本站气压	最低草温/最低雪温出现时间
10分钟平均风向	最高本站气压	蒸发量
10分钟平均风速	最高本站气压出现时间	日照时数
最大风速的风向	最低本站气压	总辐射曝辐量
最大风速	最低本站气压出现时间	总辐射最大辐照度
最大风速出现时间	地面温度	总辐射最大辐照度出现时间
瞬时风向	地面最高温度	净全辐射曝辐量
瞬时风速	地面最高温度出现时间	净全辐射最大辐照度
极大风向	地面最低温度	净全辐射最大辐照度出现时间
极大风速	地面最低温度出现时间	净全辐射最小辐照度
极大风速出现时间	5 cm地温	净全辐射最小辐照度出现时间
降水量	10 cm地温	直接辐射曝辐量
气温	15 cm地温	直接辐射最大辐照度
最高气温	20 cm地温	直接辐射最大辐照度出现时间
最高气温出现时间	40 cm地温	水平直接辐射曝辐量
最低气温	80 cm地温	散射辐射曝辐量
最低气温出现时间	160 cm地温	散射辐射最大辐照度
相对湿度	320 cm地温	散射辐射最大辐照度出现时间
最小相对湿度	草温/雪温	反射辐射曝辐量
最小相对湿度出现时间	最高草温/最高雪温	反射辐射最大辐照度
水汽压	最高草温/最高雪温出现时间	反射辐射最大辐照度出现时间

（3）能直接从数据采集器的显示器上读取以下所需的数据：

①可读取瞬时的数据有：

风向、风速、气温、相对湿度、本站气压、降水量、各层地温、各种辐射的辐照度等。

②可读取人工编报所需的定时数据有：

2分钟平均风向

2分钟平均风速

气温

露点温度

本站气压

海平面气压

3小时变压

24小时变温、变压

24小时内最高气温

24小时内最低气温

12小时内最低气温

1小时内累计雨量

3小时内累计雨量

6小时内累计雨量

24小时内累计雨量

1小时内极大风速的风向

1小时内极大风速

6小时内极大风速的风向

6小时内极大风速

(4)时钟误差不超过 30 秒/月。

(5)可以使用交流或直流供电。

19.3.3 系统电源

自动气象站具备高稳定性、无干扰的系统电源。在有市电的地方,使用市电,并对备用电池浮充电,以备市电出现故障时使用。若使用计算机,则还配备不间断电源(UPS)和后备电池。在无市电的地区,自动气象站可用电池供电,这时,可用辅助电源对电池充电。可作辅助电源的有:柴油或汽油发电机、风力发电机、太阳能电池板等。

19.3.4 通信接口

连接采集器与计算机、计算机与中心站、采集器与中心站等的通信连接设备。

19.3.5 外围设备

根据不同的需要,配置的外围设备有:计算机、打印机、显示器等。

19.4 系统软件

自动气象站的系统软件包括采集软件和业务软件。为了实现组网和远程监控,还须配置远程监控软件。

19.4.1 采集软件

采集软件由厂家提供,写在采集器中。必须遵守本规范及其他气象技术规定。其主要功能有:

(1)接受和响应业务软件对参数的设置和系统时钟的调整(时钟也可在采集器上直接调整,但必须保证采集器和计算机时钟一致);

(2)实时和定时采集各传感器的输出信号,经计算、处理形成各气象要素值;

(3)存储、显示和传输各气象要素值;

(4)大风报警;

(5)运行状态监控。

19.4.2 业务软件

业务软件根据地面气象业务的需要编制,由国务院气象主管机构颁发。其主要功能包括:参数设置、实时数据显示、定时数据存储、编发气象报告、数据维护、数据审核、报表编制,按照《地面气象观测数据文件和记录簿表格式》形成统一的数据文件等。

19.5 采样和算法

19.5.1 采样

自动站的数据采样在采集器中完成,采样顺序:气温、湿度、降水量、风向、风速、气压、地温、辐射、日照、蒸发。

气温、湿度、气压、地温、辐射的采样速率为每分钟 6 次,去掉一个最大值和一个最小值,余下的 4 次采样值求算术平均。1 分钟平均值为瞬时值。

风向、风速的采样速率为每秒钟 1 次,求 3 秒钟、2 分钟、10 分钟的滑动平均值。3 秒钟的平均值为瞬时值。

降水量、蒸发量和日照时数的采样速率为每分钟 1 次。

平均值在等时间间隔内取得,时间间隔不能超过传感器的时间常数。各要素观测的时间常数、采样速率、平均时间见第 3 章表 3.1。

19.5.2 算法

(1)平均值

气温、湿度、气压、地温、辐射均为 1 分钟内有效采样值的算术平均。

风向、风速以 1 秒钟为步长,求 3 秒钟的滑动平均值;以 1 秒钟为步长,求 1 分钟和 2 分钟滑动平均值;以 1 分钟为步长,求 10 分钟滑动平均值。

风向、风速采用滑动平均方法,计算公式为:
$$\overline{Y}_n = K(y_n - \overline{Y}_{n-1}) + \overline{Y}_{n-1} \tag{19.1}$$
$$K = 3t/T \tag{19.2}$$

式中 $\overline{Y}_n$:n 个样本值的平均值,$\overline{Y}_{n-1}$:$n-1$ 个样本值的平均值,y_n:第 n 个样本值,t:采样间隔(s),T:平均区间(s)。

风向过零处理采用以下算法:
$$计算 y_n - \overline{Y}_{n-1} = E$$

若 $E > 180°$,则从 E 中减去 $360°$;若 $E < -180°$,则在 E 上加 $360°$。再用此 E 值重新计算 $\overline{Y}_n$。若新计算的 $\overline{Y}_n > 360°$,则减去 $360°$;若新计算的 $\overline{Y}_n < 0°$,则加上 $360°$。

(2)极值选取

最大风速从 10 分钟平均风速值中选取。

其他要素的极值(含极大风速)均从瞬时值中选取。

(3)降水量、日照时数、蒸发量、辐射均计算累计值。

19.6 安装

19.6.1 基本要求

(1)温度、湿度、风向、风速、雨量、蒸发、辐射、地温、日照传感器均按 2.3 节的要求安装在观测场规定的位置上,风向、风速传感器也可以安装在屋顶平台上,气压传感器一般安装在数据采集器内。

(2)安装前应认真阅读仪器技术手册,按照要求进行安装。不同型号的自动气象站的数据采集器安装地点不同,可安装在观测场内或观测值班室内。

(3)计算机、打印机及其电源(蓄电池、UPS 电源)等设备均安放在观测值班室内。

(4)传感器和数据采集器用专用电缆连接。

(5)各传感器的安装高度应符合第 2 章表 2.1 的要求。

19.6.2 传感器的安装

各传感器的安装见气象要素的观测中的有关章节。

19.6.3 电缆的安装与连接

为了防雷、防鼠、防水和安装、维修方便,自动气象站的电缆应穿入电缆管内,电缆管应安置在电缆沟内。

电缆沟要求便于排水、通风,两侧应砌砖墙,砖墙壁上预设安置电缆管的金属支架(或金属挂钩),为防止电缆被积水浸泡,安置电缆的金属支架(或金属挂钩)距离地沟底的高度以不小于 30 cm 为宜;观测场内的电缆沟一般在小路下面,沟上面盖的水泥盖板就是小路的路面,沟的宽度以 30 cm 左右为宜,沟的深度以便于安装电缆和防止大雨后积水为宜。

不宜建电缆沟的台站,也可采用埋电缆管和修建电缆井的方法铺设电缆。

电缆不能架空架设。

19.6.4 采集器、电源、计算机与打印机等的安装

采集器、电源、计算机与打印机等的安装位置以便于操作为原则。

19.6.5 避雷装置

(1)观测场需要安装避雷针。风向、风速传感器应在避雷针的有效保护范围内;

(2)整个自动气象站设备的机壳应连接到接地装置上。室内部分的接地线可连接在市电的地线上,也可接到专门为自动气象站设备做的接地装置上,接地电阻应小于 5 Ω;连接传感器电缆线的转接盒要有接地装置,接地电阻应小于 5 Ω;设备接地端与避雷接地网连在一起时,要通过地线等电位连接器连接。

19.6.6 软件安装

采集软件已由厂家在设备出厂前安装在采集器中。配备计算机的需安装业务软件,安装方法按照业务软件技术操作手册进行,运行前需进行初始化,初始化的主要内容有:

(1)对时(设定和修改采集器、计算机时钟)。
(2)设定系统管理权限。
(3)设定气象站基本参数和自动气象站有关参数。

19.7 日常工作

(1)保持自动站设备处于正常连续的运行状态,每小时正点前10分钟要查看数据采集器的显示屏或计算机显示的实时观测数据是否正常。

(2)每日日出后和日落前应巡视观测场和值班室内的自动气象站设备。巡视的主要内容包括:查看各传感器是否正常、雨量传感器的漏斗有无堵塞、地温传感器的埋置是否正确、风向、风速传感器是否转动灵活、直接辐射表跟踪是否正确等。

(3)自动气象站的降水量可供编发天气报、加密天气报、加密雨量报、重要天气报用。每日08、20时仍须人工观测雨量筒的降水量,并记入观测簿中定时降水量栏作为正式记录。

(4)定时输入人工观测记录,通过地面测报业务软件完成规定气象报告的拍发或上传,气象记录报表的编制或数据文件的制作。

(5)定时数据需按观测记录簿格式抄入相应栏中(基准站除外)。

(6)每日20时后必须认真检查当日数据是否齐全,并做好当日数据文件的备份。

(7)自动气象站的数据出现缺测时,按第23章中规定进行补测。

(8)定期取回无人值守自动气象站的数据。

19.8 维护

(1)要定期检查维护各要素传感器,检查维护要求详见气象要素的观测中的有关章节。
(2)每周用毛刷清洁采集器、UPS电源、计算机、打印机。
(3)每月检查各电缆是否有破损,各接线处是否有松动现象。
(4)每月检查供电设施,保证供电安全。
(5)每年春季对防雷设施进行全面检查,对接地电阻进行复测。
(6)定期对自动气象站的传感器、采集器和整机进行现场检查、校验。
(7)定期按气象计量部门制定的检定规程进行检定。
(8)备份器件、设备要有专人保管,存放地方要符合要求,传感器要完好,不要超检。
(9)无人值守的自动气象站由业务部门每三个月派技术人员到现场检查维护。

定期检查、维护的情况应记入值班日志中。对自动站数据有影响的还要摘入备注栏。

19.9 自动气象站网

由一个中心站、若干个自动气象站通过有线或无线通信电路和组网软件组成自动气象站网。主要功能有:自动观测各气象要素、编制和存储各类气象报告和观测数据文件、建立气象观测数据库、实现气象观测报告和观测数据文件的自动传输、调用、实时控制及对系统运行的状态的远程监控。

第四编 记录处理和报表编制

第 20 章 月地面气象记录处理和报表编制

地面气象记录月报表(气表-1)是在观测簿、自记记录纸和有关材料的基础上编制而成;配有自动气象站或业务用计算机的地面气象观测站则是在全月观测数据文件的基础上采用计算机加工处理完成。为了日常服务和编制年报表的需要,月报表中除了定时记录、自记记录和日平均、日总量值外,还有经过初步整理的候、旬、月平均值、总量值、极端值、频率和百分率值,以及本月天气气候概况等。地面气象记录月报表是气象台站所积累的气象情报资料原始档案,是国家的宝贵财富。

地面气象记录月报表根据上级业务部门的规定或本站气象服务的需要,按照统一的报表格式和编制要求进行编制。

20.1 月报表的编制要求

20.1.1 人工编制

(1)正确

月报表应按规定格式填写,并按本规范规定的方法进行统计,做到逐日抄录,旬清月结,切实做好抄录、校对、初算和复算,严格预审,确保质量。

(2)整洁

月报表应用黑或蓝黑墨水填写,数字、符号要求工整、清晰,不写怪体字,并保持整洁。

改正错字时,须将有错的一组数字全部画去,并于所在格子的空白处填写一组正确的数字。不允许涂、擦、刮、贴。

(3)及时

月报表应在次月 10 日之前编制完毕,报上级业务部门审核。

对上级业务部门审核查询的内容,应及时答复;审核出的错情,留站底本应及时更正。

20.1.2 计算机编制

(1)月报表编制打印前,各项记录须先经过质量检查和处理。

(2)各项记录的统计方法,必须符合规范规定。

(3)打印的报表要字迹清晰,便于使用和保存。

(4)月报表应在次月 10 日之前编制完毕,报上级业务部门审核。

20.2 月报表的填写规定

20.2.1 封面的填写

按月报表封面栏目,分别填写月报表的年份和月份,台(站)名、区站号和档案号,台(站)所在地的省(市、区)名、地址、纬度和经度,观测场和气压感应部分的拔海高度,风速感应器和观测平台的距地高度,以及台(站)长和报表编制人员的签名等。

(1)台(站)名:填写本站的单位名称。

(2)地址:填写本站所在地的详细地址,并须根据具体情况分别注明本站所在地的地理位置特征。如郊外、乡村、市区、海岛、滨海、集镇、山顶、山腰、河谷、沙漠、草原等。有两种位置特征时,应分别注明,如市区、山顶。

(3)纬度、经度:填写本站所在地的纬度和经度,只填度、分。分值不足十位时,十位应补"0",如38°07′。

(4)观测场拔海高度:填写观测场距离海平面的高度,以米为单位,取一位小数。

(5)气压感应部分拔海高度:动槽式水银气压表,填写水银槽象牙针尖的拔海高度;定槽式水银气压表,填写水银槽盒水平中线的拔海高度;气压传感器,填写传感器的拔海高度;均以米为单位,取一位小数。拔海高度未经实测的,其高度值应加括号"()"。

(6)风速感应器距地(平台)高度:填写风杯或螺旋桨中心距离地面(平台)的高度,以米为单位,取一位小数。

(7)观测平台距地高度:填写观测平台面(平台有围墙者,填写平台围墙顶)距离地面的高度,以米为单位,取一位小数。无观测平台或观测平台上无测风仪器的,此栏不填。

(8)台(站)长和报表编制人员:台(站)长和担负抄录、校对、初算、复算、预审的气象人员,均应分别签名,以示负责。若用计算机编制月报表,则应署名数据录入、校对、预审(质量检查)和报表打印操作人员的姓名。

20.2.2 各项目的抄录

人工观测气压(包括本站气压和海平面气压,下同)、气温、湿球温度、水汽压、相对湿度、露点温度、总低云量、云状、云高、能见度、定时降水量、天气现象、蒸发量、雪深和雪压、电线积冰、定时风向风速、地温、冻土深度和地面状态等项,均抄自观测簿;自记降水量、自记风向风速和日照时数,分别从相应的自记纸上抄入。当记录遇有"—"、">"、"<"、"B"、"[ ]"等符号时一律照抄。下列项目抄录时,还须按如下规定进行:

(1)云高:只抄实测的云底高度值与其云属简写字母(包括 Fc,Fs,Fn),实测符号"S"不抄,如 St250。

(2)天气现象:按观测簿中天气现象出现顺序和记录的内容抄入。但遇同一现象前段的终止时间与后段的开始时间相隔在 15 分钟或以内时,则应将此两段的起止时间综合成一段,起止时间用点线连接。

例1:观测簿 • 8^{15}—9^{07} 10^{21}—11^{18} 11^{33}—12^{51} 13^{02}—14^{14}

气表-1 应综合为 • 8^{15}—9^{07} 10^{21}……14^{14}

例2:观测簿 ▽ 18^{15} 18^{25} 18^{39}

气表-1 应综合为 ▽ 18^{15}……18^{39}

若同一现象某两段的相隔时间虽在 15 分钟或以内,但其间歇时间却跨在日界两边时,则起止时间照抄,不必进行综合。

例如:观测簿 1 日 • 19^{15}—19^{55},2 日 • 20^{08}—20^{52}

气表-1 中应如上抄入,而不能综合为 1 日 • 19^{15}……20 2 日 • 20……20^{52}

(3)雪深和雪压:抄录雪深和雪压的平均值。

(4)电线积冰

①只抄录每次积冰过程南北、东西两个方向的最大值;若一天中出现两次或以上积冰过程,则只抄录重量值(或直径+厚度总值)最大的一次积冰过程南北、东西两个方向的最大值。

②一次积冰过程最大值的挑选方法:按南北、东西方向分别挑取。凡有重量记录时,则从该次过程的各次记录中挑取一个重量值最大者,并同时抄入该次测量的直径、厚度值和现象符号、气温、风向、风速;一次过程中,若无重量记录,则从该次过程的各次记录中挑取一次"直径+厚度"总值最大者,并同时抄入该次测量的现象符号、气温、风向、风速。若两个方向上的最大值出现在同一天的不同观测时间时,则气温、风向、风速栏只抄录其中重量值(或直径+厚度总值)最大的一个最大值对应的气温、风向、风速记录。

现象符号系填写该次积冰过程的冻结物符号,从观测簿电线积冰"记事"栏中摘入。

③某次积冰过程至月末尚未结束,则该次积冰过程的最大值,按上述原则从本月内已测得的各次记录中挑取;同样,下月该次积冰过程的最大值,亦按上述原则在下月内的各次记录中挑取。

(5)冻土深度:按观测簿记录顺序,抄录第一、第二栏冻土深度的上限和下限值;第三栏冻土深度的上限和下限值,抄入纪要栏。

(6)海平面气压:编发02、08、14、20时4次天气报目报文中编有海平面气压的气象站才抄录。

(7)某项目因无仪器(或仪器收回、停用期间)而未进行观测时,则有关各栏空白。

无降水、风向风速自记仪器的台站,自记降水量和10分钟平均风向风速两页(一张)可从月报表中撤去。

(8)08~08时降水量:填写该日08时以后至次日08时以前的降水总量(包括跨月)。

例如:2日08~20时降水量栏为0.4 mm,2日20时~3日08时降水量栏为1.9 mm,则2日8时以后至3日08时以前的降水总量为2.3 mm,应填在2日08~08时栏内。

(9)风向一律按16个方位(含静风"C")抄录。

20.2.3 日极值的挑选

(1)最高、最低气温:从当日最高、最低气温和各定时气温中挑取。

(2)最高、最低本站气压和最小相对湿度:配有自记仪器的,从当日自记纸上抄入;无自记仪器的,逐日各栏空白。

(3)最大风速、极大风速及其风向和出现时间:配有自记仪器的,从当日自记纸上抄入;无自记仪器的,逐日各栏空白。

(4)地面最高、最低温度:从当日地面最高、最低温度和各定时地面温度中挑取。

(5)自动观测项目的日极值从当日各瞬时值中挑取;日极值出现二次或以上时,出现时间任挑一个。

20.2.4 天气现象摘要

根据当日天气现象栏记载的内容和顺序,按表20.1对应的摘要符号录入。

表20.1 天气现象摘要

现象名称	现象符号	摘要符号	现象名称	现象符号	摘要符号
雨	•		吹雪	┼	┼
阵雨	▽	•	雪暴	╳┼	╳┼
毛毛雨	,		龙卷	)(	)(
雪	✳		积雪	⊠	⊠
阵雪	⇲		结冰	ᙧ	ᙧ
霰	✳	✳	沙尘暴	⊕	⊕
米雪	△		扬沙	$	$
冰粒	△		浮尘	S	S
雨夹雪	✳		烟幕	┌	┌
阵性雨夹雪	⇲	•✳	霾	∞	∞
冰雹	△	△	尘卷风	⦵	⦵
雾	≡	≡	冰针	↔	↔
轻雾	=	=	雷暴	⚡	⚡
露	⌒	⌒	闪电	<	<
霜	⊔	⊔	极光	⛰	⛰
雨凇	∾	∾	大风	F	F
雾凇	V	V	飑	⩔	⩔

(1)一日中凡有 •、▽、, 其中的一种或几种现象出现时,不论其量大小(包括微量,下同),均摘"•"符号。

(2)一日中凡有 ✳、⇲、✳、△、△ 其中的一种或几种现象出现时,不论其量大小,均摘"✳"符号。

一日中凡有 ✳、⇲ 或其中的一种现象出现时,不论其量大小,均摘"•"、"✳"符号。

(3)一日中凡有 ┼ 现象出现时,摘"┼"符号。

一日中凡有 ╳┼ 现象出现时,摘"✳"、"┼"符号。

(4)一日中有 ≡ 和 ≡、$ 和 ↔、く 和 尺 同时出现时,不论连续出现或间断出现,该日均摘"≡"、"↔"、"尺"符号。

一日中单有 ≡、$、く 出现时,该日才摘"≡"、"$"、"く"符号。

一日中凡有其他的现象出现时,均摘该现象的摘要符号。

20.2.5 纪要栏

抄自观测簿纪要栏。

20.2.6 本月天气气候概况

根据本站资料及有关材料,对本月的天气气候概况进行综合分析。主要内容有:

(1)本月天气气候的主要特征及与历年平均值或极端值的比较;

(2)月内出现的主要天气过程,如降水次数,冷空气活动,台风登陆或影响的情况等;

(3)本月天气特别是灾害性、关键性天气对工农业生产及人民生活的影响情况;

(4)对有些持续时间较长的不利天气(如长期少雨、连阴雨等),应结合前一个月或几个月的情况进行分析。

内容要求重点突出,简明扼要。台站如有农业气象旬报、月报或天气气候简报等服务材料的,可根据有关材料整理录入。

20.2.7 备注栏

(1)从观测簿备注栏和自记纸备注中,摘入对记录质量有直接影响的原因;

(2)定时观测次数,夜间是否守班,02时记录用自记记录代替的项目;

(3)不完整记录的统计方法说明;

(4)站址迁移、站名改变、经纬度和拔海高度的变更;

(5)观测项目、方法和观测仪器的变动情况;

(6)仪器性能不良或安装不当,对记录代表性的影响情况;

(7)台站周围环境变化情况,包括台站周围建筑物、道路、河流、湖泊、树木、绿化、土地利用、耕作制度、距城镇的方位距离等。

20.3 观测记录的计算机处理

20.3.1 月观测数据文件的建立

配有自动气象站的地面气象观测站根据自动观测数据和人工录入的观测记录及月报表封面、纪要、天气气候概况、备注等文字说明,经加工整理后形成统一的月观测数据文件,包括地面气象观测数据文件(A文件)、每分钟观测数据文件(J文件)。

配有业务用计算机的地面气象观测站根据人工录入计算机的观测记录和月报表封面、纪要、天气气候概况、备注等文字说明,经加工整理后形成统一的月观测数据文件,即 A 文件。

地面气象观测数据文件,由地面气象测报业务软件处理生成。

观测数据文件的记录格式及有关说明,详见《地面气象观测数据文件和记录簿表格式》。

20.3.2 观测记录的质量检查

(1)质量检查的方法和内容

地面气象观测站对月观测记录的质量检查,以本站本月记录为主。检查方法,包括极值检查、相关性检查、逻辑检查等(附录6)。

(2)疑误记录的处理

计算机质量检查时输出的疑误记录,由预审员按第23章疑误记录的处理方法进行审核和处理。

20.3.3 观测记录的复制备份和传输

月观测记录经质量检查处理后,应复制备份,长期保存。月观测数据文件,应于次月10日前传输给上级业务单位。

20.4 观测记录的统计方法

20.4.1 日、候、旬、月平均值的统计

（1）气压、气温、水汽压、相对湿度、总低云量、风速、地温等项的日平均值为该日相应要素各定时值之和除以定时次数而得；自动观测24次记录和基准站人工观测24次记录，须同时做02、08、14、20时4次日平均。

（2）气压、气温、水汽压、相对湿度、总低云量、风速、地温等项的各定时及日平均，每旬应做旬平均，月终应做月平均（含自记风速）。旬、月平均值，均用纵行统计，即各定时及日平均的旬、月平均值，分别为该旬、月各定时及日平均的旬、月合计值除以该旬、月的日数而得。

（3）候平均气温

①候期的划分：每旬两候，每月六候。即每月1日至5日为第一候，6日至10日为第二候……26日至月末最后一日为第六候。每月第六候的日数，可为5天、6天，或3天、4天（候降水量同）。

②候平均气温的统计：候平均气温为该候各日平均气温（4次平均）之和除以候的日数而得。

（4）日、候、旬、月平均值，所取小数位与相应要素记录的规定位数相同（平均云量取一位小数），计算时规定小数位后的小数四舍五入。

每天24次定时记录的纵行统计方法图示如下（每天4次定时记录的纵行统计方法同）。

日期＼时间	21	22	……	19	20	平均
1						
2						
⋮						
9						
10						
上旬平均	↓	↓		↓	↓	↓
21						
⋮						
26						
⋮						
31						
候平均	↓	↓		↓	↓	↓
下旬平均						
月平均	↓	↓		↓	↓	↓

20.4.2 日、候、旬、月总量值的统计

（1）降水量、蒸发量、日照时数等项的日总量由该日相应要素各时值累加。

（2）定时降水量及日总量、蒸发量、日照时数的日总量，每旬应做旬计，月终应做月合计（含自记降水量）。旬、月合计值，均由逐日总量值累加而得。

（3）候降水量：由该候各日降水量累加。

（4）全候、旬、月无降水，该候、旬、月合计栏空白。

20.4.3 月极值及出现日期（或起止日期）的挑选

（1）最高、最低本站气压和气温的月极值及出现日期，分别从逐日最高、最低值中挑取，并记其相应的出现日期。无自记仪器，月极值及出现日期，从逐日各定时记录中挑取。

（2）最小相对湿度的月极值及出现日期，分别从逐日的最小值中挑取，并记其相应的出现日期。无自记仪器，月极值及出现日期，从逐日各定时记录中挑取。

(3)最大风速和极大风速的月极值及其风向、出现日期和时间,分别从逐日的日极值中挑取,并记其相应的出现日期和时间。

定时最大风速的月极值及其风向、出现日期,无自记仪器的,从每日定时记录中挑取,并记其相应的出现日期。配有自记仪器的,不挑取本项极值,有关栏空白。

(4)地面、草面(雪面)最高、最低温度的月极值及出现日期,分别从逐日地面和草面(雪面)最高、最低温度中挑取。

(5)水汽压和无自记仪器的本站气压、相对湿度的月极值及出现日期,从逐日各定时记录中挑取。

(6)降水量、雪深和雪压的月极值及出现日期,分别从各日记录中挑取。

(7)电线积冰直径、厚度、重量的月极值及出现日期,按南北、东西方向分别挑取。凡有重量记录时,则从各日记录中挑取重量值最大者及其相应的直径、厚度值和现象符号、气温、风向、风速;若全月无重量记录时,则从各日记录中挑取"直径+厚度"总值最大者及其相应的现象符号、气温、风向、风速。两个方向月极值的气温、风向、风速有两个或以上时,只记其中一个重量(或直径+厚度)最大的月极值对应的气温、风向、风速;重量(或直径+厚度)又相同时,则记南北向月极值对应的气温、风向、风速。

(8)冻土深度的月极值及出现日期,从冻结层的下限深度中挑取。

上述1~8项的月极值,若出现两天或以上相同时,日期栏记天数。

月最大、极大风速的风向,若出现两个或以上时,风向记个数。

全月一日最大降水量为0.0 mm,月最大雪深和月最大冻土深度为0 cm时,月极值和出现日期照填;全月无降水、无积雪、无冻土时,一日最大降水量、月最大雪深和月最大冻土深度及出现日期栏,均空白。

(9)月最长连续降水日数及其降水量、起止日期:从降水量日总量栏中,挑取一个月内日降水量≥0.1 mm的最长的连续日数,并统计其相应的连续各日降水量的累计值,记其相应的起止日期。

最长连续降水日数可跨月、跨年挑取,但只能上跨,不能下跨。跨月时,开始日期须注明月份,用分式表示,分母代表月份,分子代表日期。跨年时,开始日期的年份不必注明。

最长连续降水日数为一天时,日数记1,降水量照记,起止日期只记一个日期。最长连续降水日数出现两次或以上相同时,降水量和起止日期记其降水量最大者;若两次或以上降水量都相同时,起止日期栏记出现次数。

全月无降水或仅有微量降水0.0时,最长连续降水日数及其降水量、起止日期栏,均空白。

(10)月最长连续无降水日数及起止日期:从降水量日总量栏中,挑取一个月内无降水(包括微量降水0.0)的最长的连续日数,并记其相应的起止日期。

最长连续无降水日数,可跨上月(年)挑取。跨月、跨年时起止日期的填写方法,与最长连续降水日数相同。

最长连续无降水日数为1天时,日数记1,起止日期只记一个日期。

最长连续无降水日数出现两次或以上相同时,起止日期栏记出现次数。

全月各日降水量均≥0.1 mm时,最长连续无降水日数及起止日期栏,均空白。

(11)月最多风向及频率:

①从"风的统计"栏各风向(包括静风)频率中,挑选出现频率最大者,即为月最多风向。当月最大频率有两个或以上相同时,挑其出现回数最多者;若回数又相同时,挑其平均风速最大者;若平均风速又相同时,挑取其中与邻近的两个风向频率之和最大者为最多风向。

②挑选月最多风向时,若某风向出现频率与静风C同时为最多,则只挑该风向,不挑C。若C的出现频率为最多时,则C挑为月最多风向,但须另挑次多风向;若次多风向有两个或以上时,则按第①条规定挑选。

20.4.4 "风的统计"栏的统计(2分钟平均风向风速)

(1)各风向月平均风速:根据各定时风向、风速,先统计出各风向02、08、14、20时每日4次定时记录或21、22、…、19、20时每日24次定时记录的风速合计和出现回数,再分别相加求出月合计值,然后按下式计算：

$$某风向月平均风速 = \frac{该风向的风速月合计}{该风向出现回数的月合计}$$

（2）各风向频率：月的某风向频率，是表示月内该风向的出现回数占全月各风向（包括静风）记录总次数的百分比，即

$$月某风向频率 = \frac{该风向出现回数的月合计}{全月各风向记录总次数} \times 100\%$$

风向频率取整数。某风向未出现，频率栏空白；频率＜0.5，记0。

（3）各风向最大风速：从各定时风向的风速中挑取。

20.4.5 月日照百分率的统计

月日照百分率为月日照总时数占该月可照总时数的百分比，即

$$某月日照百分率 = \frac{月日照总时数}{该月可照总时数} \times 100\%$$

月日照百分率取整数。各月可照总时数，可按附录4所列公式计算，也可从《气象常用表》（第三号）第七表中根据本站纬度查得。

20.4.6 月各类日数的统计

（1）日平均云量量别日数：按总、低云量分别统计其日平均云量（4次平均）为0.0～1.9、2.0～8.0、8.1～10.0成的日数。

（2）各级降水日数：分别统计日降水量≥0.1、≥1.0、≥5.0、≥10.0、≥25.0、≥50.0、≥100.0、≥150.0 mm的日数。

（3）天气日数：从天气现象"摘要"栏的记录，分别统计雨、雪、冰雹、雾、轻雾、露、霜、雨凇、雾凇、吹雪、龙卷、积雪、结冰、沙尘暴、扬沙、浮尘、烟幕、霾、尘卷风、冰针、雷暴、闪电、极光、大风、飑等天气现象的日数。

（4）地面、草面（雪面）最低温度≤0.0℃日数：从逐日地面、草面（雪面）最低温度栏中，统计地面、草面（雪面）最低温度≤0.0℃的日数。

（5）日照量别日数：分别统计当月逐日的日照时数占本站纬度该月16日可照时数的60%或以上和20%或以下的日数。各台站1～12月的日照量别日数的时数值，可根据本站纬度从附录8中查得。

某项类别日数，若全月未出现，则该栏空白。

20.4.7 月定时回数的统计

（1）云量出现回数：按总、低云量分别统计各定时（4次）云量为0～2、3～7、8～10成的出现回数。

（2）能见度出现回数：分别统计各定时（4次）能见度为0.0～0.9、1.0～1.9、2.0～3.9、4.0～9.9、≥10.0 km的出现回数。

某项定时回数，若全月未出现，则该栏空白。

20.5 三次观测站02时记录的统计规定

20.5.1 配有自记仪器的项目

（1）本站气压、气温、相对湿度记录

02时本站气压、气温、相对湿度记录，用订正后的自记值代替。订正步骤如下：

①做时间记号：根据前一日20时和当日08时的时间记号，用内插法确定02时的正点位置，并用铅笔在02时正点的时间线和自记迹线的交叉处画一短垂线，读出自记值。

②器差订正：02时的器差订正值，即为前一日20时和当日08时两个器差值的平均值。

求器差订正值时，若遇前一日20时或当日08时的自记迹线产生跳跃式变化时，其处理方法与7.3有关规定相同。

③求出 02 时订正后的自记值:用自记读数加上器差订正值求得。

冬季,当用订正图订正后的毛发湿度计读数作为定时观测相对湿度的正式记录时,该月 02 时相对湿度也用该订正图订正求得。

(2)风向风速记录

02 时风向风速记录,用 2 分钟(无 2 分钟则用自记 10 分钟)的自记平均风速、最多风向代替。

(3)水汽压和露点温度记录

02 时水汽压和露点温度,用订正后的自记气温和自记相对湿度,用计算机计算或从《湿度查算表》中反查求得。

(4)日、候、旬、月值的统计方法

02 时记录用自记记录代替、反查或计算求得的项目,其日、候、旬、月平均值的统计方法与四次观测记录的统计方法相同,但应在备注栏注明。

20.5.2 无自记仪器的项目

(1)02 时气温:用(当日最低气温 + 前一日 20 时气温)÷2 求得;

日平均值按[(当日最低气温 + 前一日 20 时气温)÷2 + t_8 + t_{14} + t_{20}]÷4 统计。

(2)02 时地面温度:用(当日地面最低温度 + 前一日 20 时地面温度)÷2 求得;

日平均值按[(当日地面最低温度 + 前一日 20 时地面温度)÷2 + t_8 + t_{14} + t_{20}]÷4 统计。

(3)02 时水汽压、相对湿度和 5、10 cm 地温分别用 08 时记录代替,日平均值按(2 × t_8 + t_{14} + t_{20})÷4 统计(气表-1 该栏首的"02"应改为"08")。

(4)02 时本站气压、云量、风向风速和 15、20、40 cm 地温栏空白,日平均按三次记录统计。

(5)02 时湿球温度、露点温度、云状、能见度栏空白。

(6)候、旬、月值的统计方法:02 时记录用计算方法求得、或用 08 时记录代替、或空白不填的项目,其候、旬、月平均值的统计方法,均与四次观测记录的统计方法相同。

20.6 夜间不守班站天气现象的填写方法和统计规定

20.6.1 天气现象的填写方法

夜间不守班的站,应将"天气现象"栏划分为"夜间(20~08 时)"、"白天(08~20 时)"两栏。夜间出现的天气现象,依次填在"夜间(20~08 时)"栏内;白天出现的天气现象,填在"白天(08~20 时)"栏内。

20.6.2 天气现象的统计规定

夜间不守班的站,天气现象的摘要、天气日数的统计规定及初、终日期的挑选方法等均与夜间守班站的有关规定相同。

20.7 月报表格式

地面气象记录月报表的格式,按观测方式和台站类别分为三种:

(1)人工观测方式:按每天 4 次定时记录设计(详见《地面气象观测数据文件和记录簿表格式》)。

(2)自动观测方式:自动观测项目按每天 24 次记录设计,云、能见度按 4 次记录设计(详见《地面气象观测数据文件和记录簿表格式》)。

(3)基准站方式:自动观测项目和云、能见度记录均按每天 24 次记录设计(详见《地面气象观测数据文件和记录簿表格式》)。平行观测记录应按基准站地面气象记录月报表格式进行统计整理,并上报存档。

为便于复印和装订,月报表大小定为:行宽 32.5 ± 1.0 cm,左侧留空 2.0 cm;列长(不含表头)22.5 ± 1.0 cm。

第21章　月气象辐射记录处理和报表编制

月气象辐射记录处理和报表(气表-33)编制由计算机处理、打印而成,也可由观测人员从每日打印记录和值班记录中抄录、统计而成。

气象辐射记录月报表应在次月的10日前报送上级业务部门。

21.1　月报表的填写规定

21.1.1　封面

各种辐射表的离地高度,均填写仪器感应面离地面的高度,以 m 为单位,取一位小数。如果某站的某辐射表安装在平台上,则离地高度填写该表感应面离平台面高度与平台面离地面高度之和。

其他栏目的填写规定,与气表-1 相同。

21.1.2　现用仪器

填写各种辐射表及记录仪或采集器的型号、号码、灵敏度(K)、响应时间(t)、电阻值(R)、检定时间、开始工作时间等。

21.1.3　场地周围环境、作用层状况

场地周围环境状况,在建站开始观测时,应绘制场地周围环境遮蔽图,并用文字描述。此后,只要求每年1月份用文字说明。当周围环境发生较大变化时,应重新绘制周围环境遮蔽图和文字描述。

作用层状况,填写辐射表观测场地的地面状况,一、二级站按每日记录的作用层状态编码填入(三级站不填)。

21.1.4　备注栏

填写内容包括:
(1)影响辐射记录质量的仪器故障或人为原因情况;
(2)更换记录仪、薄膜罩日期等;
(3)不正常记录处理情况;
(4)辐射表加盖情况。

21.2　观测记录的计算机处理

21.2.1　月观测数据文件的建立

气象辐射观测数据文件是在逐日定时观测数据文件的基础上建立起来的,内容包括各种辐射的时曝辐量、日曝辐量、辐照度的日极值及出现时间等。气象辐射观测数据文件由气象辐射观测业务软件处理而成,具体操作方法按气象辐射观测业务软件操作手册执行。

观测数据文件的记录格式及有关说明,详见《地面气象观测数据文件和记录簿表格式》。

21.2.2　观测记录的质量检查

地面气象观测站对月观测记录的质量检查,以本站本月记录为主。检查方法,包括极值检查、相关性检查等。

(1)极值检查
①总辐射最大辐照度 $< 2000 \text{ W} \cdot \text{m}^{-2}$;
②直接辐射最大辐照度 $< 1376 \text{ W} \cdot \text{m}^{-2}$;
③日总辐射曝辐量 < 可能的日总辐射曝辐量(见表21.1)(特殊情况下,冬季允许超过≤20%,夏季≤15%)。

表 21.1 可能的总辐射日曝辐量(单位为 MJ·m^{-2}·d^{-1})

北纬(°)	1月	2月	3月	4月	5月	6月	7月	8月	9月	10月	11月	12月
90	0.0	0.0	0.2	14.0	30.7	36.6	33.3	18.1	3.3	0.0	0.0	0.0
85	0.0	0.0	1.0	14.3	30.6	36.1	32.9	18.4	4.3	0.0	0.0	0.0
80	0.0	0.0	2.9	15.1	30.1	35.4	32.2	18.7	6.0	0.6	0.0	0.0
75	0.0	0.8	5.6	16.4	29.5	34.4	31.0	19.4	8.2	1.9	0.0	0.0
70	0.0	2.2	8.5	18.4	28.8	33.0	29.9	20.5	10.6	3.8	0.7	0.0
65	1.0	3.9	11.3	20.4	28.7	32.1	29.5	21.9	13.3	6.1	1.9	0.3
60	2.5	6.1	13.9	22.5	29.2	32.2	30.0	23.5	15.8	8.5	3.6	1.6
55	4.4	8.7	16.4	24.3	30.2	32.8	30.8	25.2	18.1	11.0	5.7	3.0
50	6.8	11.5	18.7	26.0	31.1	33.3	31.7	26.8	20.2	13.6	8.1	5.6
45	9.4	14.5	21.6	27.4	31.9	33.6	32.1	28.3	22.2	14.4	10.9	8.2
40	12.4	17.2	23.0	28.5	32.4	33.7	33.0	29.0	23.9	18.5	13.6	11.1
35	15.0	19.6	24.8	29.4	32.6	33.6	33.1	30.1	25.4	20.6	16.0	13.7
30	17.5	21.7	26.2	30.0	32.6	33.3	32.9	30.6	26.8	22.6	18.4	16.1
25	19.8	23.6	27.3	30.3	32.2	32.5	32.5	30.7	27.9	24.4	20.6	18.4
20	21.8	25.2	28.3	30.3	31.6	32.0	31.7	30.6	28.7	26.0	22.6	20.7
15	23.7	26.6	29.1	30.1	30.8	30.9	30.8	30.3	29.4	27.2	24.4	22.6
10	25.4	27.8	29.7	29.8	29.7	29.5	29.6	29.8	29.8	28.2	26.0	24.6
5	27.7	28.7	30.1	29.4	28.5	28.0	28.3	29.0	29.9	29.1	27.5	26.4
0	28.4	29.4	30.2	28.7	27.1	26.4	26.8	28.2	29.8	29.7	28.7	28.0

(2)相关性检查

①时(日)总辐射曝辐量≥时(日)净全辐射曝辐量；
②时(日)总辐射曝辐量≥时(日)散射辐射曝辐量；
③时(日)总辐射曝辐量≥时(日)反射辐射曝辐量；
④日总辐射曝辐量≥日水平面直接辐射曝辐量；
⑤日直接辐射曝辐量≥日水平面直接辐射曝辐量；
⑥日总辐射曝辐量与(日散射辐射曝辐量+日水平面直接辐射曝辐量)差的绝对值≤20%日总辐射曝辐量；
⑦日总辐射最大辐照度≥日净全辐射最大辐照度。

21.2.3 疑误记录的处理

疑误记录的处理方法,见缺测记录的处理和不完整记录的统计(第23章)。

21.2.4 观测记录的复制备份

月观测记录经质量检查处理后,应复制备份,长期保存。

21.3 观测记录的统计方法

21.3.1 日曝辐量的统计

各项辐射的日曝辐量,均由各项辐射的时曝辐量累加求得。

21.3.2 月平均值的统计

总辐射、净全辐射、散射辐射、直接辐射、反射辐射的时、日曝辐量及水平面直接辐射日总量、日反射比等,均应做月合计、月平均统计。统计方法,月合计值均由逐日各时、日记录累加而得,月平均值均由月合计值除以该月日数而得。

一个月内,因日出、日落时间不同,造成某时月初或月末连续数日无观测记录,则该时月合计值由该时的实有记录累加而得,月平均值由月合计值除以该月全部日数而得。

月平均值小数位的处理方法与月地面气象记录的处理方法相同。

21.3.3 月极值及出现日期和时间的挑选

总辐射、净全辐射、散射辐射、直接辐射、反射辐射的最大辐照度和净全辐射的最小辐照度,均应挑取月极值及出现日期和时间。挑选方法,月极值均从逐日极值中挑取最大(小)者,并记其相应的出现日期和时间。当月最大(小)值出现两天或以上相同时,日期栏记天数。

21.4 月报表格式

气象辐射记录月报表的格式,按台站类别分为三种:

(1)气表-33(一):辐射一级站使用(共7页,详见《地面气象观测数据文件和记录簿表格式》);

(2)气表-33(二):辐射二级站使用(仅有总辐射、净全辐射,共4页);

(3)气表-33(三):辐射三级站使用(仅有总辐射,共3页);

气象辐射记录月报表的规格大小,与气表-1相同。

第 22 章　年地面气象资料处理和报表编制

地面气象记录年报表(气表-21)是在地面气象记录月报表(气表-1)的基础上编制而成的。配有自动气象站或业务用计算机的地面气象观测站则是在各月观测数据文件的基础上采用计算机加工处理完成的。

22.1　年报表的编制要求

22.1.1　人工编制

（1）年报表应按规定的格式录入（平均值项目都用 4 次平均值），并按本章规定的方法进行统计，经预审后于次年 3 月底以前编制完毕，报送上级业务部门审核。

（2）年报表应在经过审核的月报表的基础上，认真细心地编制；编制步骤和录入要求，与月报表相同。

（3）由于建站或撤站等原因，致使一年中各项目的记录均不足半年时，该年不编制年报表；有半年或以上但不足一年记录时，仍应编制年报表，但不做年统计（极值项目除外）。若只有个别项目的观测记录不足半年时，此项记录仍应录入年报表，但不做年统计（极值项目除外）。

22.1.2　计算机编制

编制要求与月报表相同。

22.2　年报表的填写规定

22.2.1　封面的填写

封面各栏的填写规定，与月报表相同。

年内站址如有迁移，则封面各栏按迁站后的新址填写。

22.2.2　填写规定

年报表各项目的逐候、逐旬、逐月记录，均分别从 1～12 月各月报表的相应栏中录入。月报表中遇有"—"、">"、"<"等符号时，一律照填；月报表中某栏空白者，年报表相应栏亦空白。

22.2.3　本年天气气候概况

根据本站资料及有关材料，对本年的天气气候概况进行综合分析，重点记载本年内的主要天气气候特点、异常气候现象、重大灾害性、关键性天气及对工农业生产和人民生活的影响情况等。本年天气气候概况，可在各月天气气候概况的基础上综合而成。

22.2.4　备注栏

录入内容包括：

（1）从月报表备注栏中摘要录入与年报表资料内容有关的情况说明；

（2）年统计值中需要说明的问题；

（3）影响日照记录的障碍物最大仰角；

（4）冬季使用毛发湿度表(计)查算湿度的月份；

（5）雨量计、曲管地温表收回停用的月份；

（6）月报表备注栏(20.2.7)的(4)～(7)条说明等。

22.2.5　现用仪器栏

录入全年中使用的主要仪器的名称、规格型式、号码、厂名和检定日期。年内若某项仪器调换过，则录入年内最后换用的仪器名称、规格型式等；冬季收回的仪器（如曲管地温表、雨量计等）亦应填入。

22.3 观测资料的计算机处理

22.3.1 年观测资料文件的建立

配有自动气象站的地面气象观测站根据各月观测数据文件(含 A 文件、J 文件)统计得到的候、旬、月资料和人工录入的年报表封面、天气气候概况、备注、现用仪器等文字说明,经加工整理后形成统一的地面气象年报数据文件(即 Y 文件)。

配有业务用计算机的地面气象观测站根据各月观测数据文件(即 A 文件)统计得到的候、旬、月资料和人工录入的年报表封面、天气气候概况、备注、现用仪器、各时段年最大降水量及开始时间等文字说明,经加工整理后形成统一的地面气象年报数据文件(即 Y 文件)。

年报数据文件,由地面气象测报业务软件处理生成。

年报数据文件的记录格式及有关说明,详见《地面气象观测数据文件和记录簿表格式》。

22.3.2 观测资料的复制备份

年观测资料经预审后,应复制备份,长期保存。

22.4 观测资料的统计方法

22.4.1 年平均值的统计

平均气压、气温、水汽压、相对湿度、总低云量、风速、地温和平均最高(最低)本站气压、气温及平均地面、草面(雪面)最高(最低)温度的年平均值,均按纵行统计。即:

$$年平均 = 年合计 \div 12$$

22.4.2 年总量值的统计

降水量、蒸发量、日照时数的年总量值,均由 1~12 月各月总量值累加而得。

22.4.3 年极值及出现月份、日期(或起止日期)的挑选

(1)极端最高(最低)本站气压和气温、最大(最小)水汽压、最小相对湿度、一日最大降水量、最长连续降水日数和无降水日数、最大雪深和雪压、电线积冰最大重量及直径和厚度、最大和极大风速、地面、草面(雪面)极端最高(最低)温度、最大冻土深度等项目的年极值及出现日期(或起止日期),均分别从各项目的月极值中挑取,并记其相应的出现月份和日期。

电线积冰最大重量及直径和厚度的年极值的挑选方法,与月极值的挑选方法相同。

年最大和极大风速的风向,若出现两个或以上时,风向记个数。

注有">"、"<"等符号的月极值被挑为年极值时,该符号仍应保留。

上述各项年极值的出现月份、日期,均以分式表示,分母代表月份,分子代表日期。同一极值若出现在两个或以上月份时,则月份栏记个数。出现日期若有两天或以上时,则日期栏记天数。

最长连续降水日数的年极值出现两次或以上相同时,起止日期挑其降水量最大者,若两次或以上降水量都相同时,起止日期栏记出现次数。

最长连续无降水日数的年极值出现两次或以上相同时,起止日期栏记出现次数。

(2)年最多风向及频率:从"风的统计"栏各风向(包括静风)频率中,挑选年出现频率最大者,即为年最多风向。

年最多风向及频率的挑选方法,与月最多风向及频率的挑选方法相同。

22.4.4 "风的统计"栏的统计(2 分钟平均风向风速)

(1)各风向年平均风速,按下式计算:

$$某风向年平均风速 = \frac{该风向的风速年合计}{该风向年出现回数}$$

(2)各风向年频率,按下式计算:

$$某风向年频率 = \frac{该风向年出现回数}{全年各风向(包括静风)记录总次数} \times 100\%$$

风向频率取整数。某风向未出现,频率栏空白;频率<0.5,记0。

(3)各风向年最大风速,从各风向1~12月最大风速中挑取,并记其相应的月份。若出现月份有两个或以上时,月份栏记个数。

22.4.5 年日照百分率的统计

年日照百分率为该年日照总时数占全年可照总时数的百分比,即:

$$\text{年日照百分率} = \frac{\text{该年日照总时数}}{\text{全年可照总时数}} \times 100\%$$

年日照百分率取整数。年可照总时数,可按附录4所列公式计算,也可从《气象常用表》(第三号)第七表中根据本站纬度查得。

22.4.6 年各类日数的统计

日平均云量量别日数、各级降水日数、天气日数、地面和草面(雪面)最低温度≤0.0℃日数、日照量别日数的年合计值,均由1~12月各月日数累加而得。

22.4.7 初、终日期和初终间日数、无霜期日数的统计

(1)初、终日期

①霜、雪、积雪、结冰和最低气温≤0.0℃、地面最低温度≤0.0℃、草面(雪面)最低温度≤0.0℃的初、终日期,挑其上年度(去年7月1日至本年6月30日)出现的初日、终日和本年度7月1日至12月31日出现的初日。例如,在编制2000年年报表时,上年度系指1999年度,即从1999年7月1日至2000年6月30日;本年度系指2000年7月1日至12月31日。

霜、雪、积雪、结冰的初、终日期,从各月天气现象摘要栏或观测数据文件的天气现象中挑取;最低气温≤0.0℃、地面最低温度≤0.0℃、草面(雪面)最低温度≤0.0℃的初、终日期,分别从各月报表或观测数据文件的最低气温、地面最低温度、草面(雪面)最低温度中挑取。挑选方法,在去年7月1日至本年6月30日的年度内,最早出现的日期即为上年度初日,最晚出现的日期即为上年度终日;若上年度内未出现,则上年度初、终日期栏空白。在本年7月1日至12月31日内,最早出现的日期即为本年度初日;若在此期间未出现,则本年度初日栏空白。

例如:某站1991年度霜的初日出现在1991年12月18日,终日出现在1992年2月2日;

1992年度的初日出现在1992年12月13日,终日出现在1992年12月28日;

1993年度的初日出现在1993年12月14日,终日出现在1993年12月29日;

1994年度的初、终日均出现在1995年1月10日;

1995年度的初日出现在1996年1月4日,终日出现在1996年2月3日;

1996年度的初日出现在1996年12月25日。

则1992、1993、1994、1995、1996年年报表霜的初、终日期(日/月)栏录入方法如下:

年 度 报 表 年 份	上年度		本年度
	初日	终日	初日
1992	18/12	2/2	13/12
1993	13/12	28/12	14/12
1994	14/12	29/12	
1995	10/1	10/1	
1996	4/1	3/2	25/12

在高寒地区,由于气候特殊,在挑选霜、雪、积雪、结冰和最低气温≤0.0℃、地面最低温度≤0.0℃、草面(雪面)最低温度≤0.0℃的终日和初日时,可不受年度界限(6月30日)的限制,应在暖季内选一连续无霜、雪、积雪、结冰和最低气温>0.0℃、地面最低温度>0.0℃、草面(雪面)最低温度≤0.0℃日数最长的时期(若此最长连续日数有两段或以上相同时,则取其中日平均气温的累积温度最大的一段),并以此来挑取上年度霜、雪、积雪、结冰和最低气温≤0.0℃、地面最低温度≤0.0℃、草面(雪面)最低温度≤

0.0℃的终日和本年度的初日。

例如,某站某年6~8月霜的出现日期如下:

月 份	日 期
6月	1,2,7,13,14,19,23,24,30
7月	1,4,5,9,10,30,31
8月	3,8,16,17,24,25,30,31

从霜日记录看,以7月11~29日连续无霜日数为最长,应挑7月10日为上年度的终霜日,7月30日为本年度的初霜日。

②雷暴的初、终日期,挑其当年(1月1日至12月31日)出现的初日和终日,从各月天气现象摘要栏或观测数据文件的天气现象中挑取。挑选方法,在1月1日至12月31日内,最早出现的日期即为初日,最晚出现的日期即为终日;若全年未出现,则初、终日期栏空白。

(2)初终间日数 各种天气现象和界限温度的初终间日数,是指包括初日和终日在内的初终日期之间的日数。初终间日数,可按下式求得:

$$初终间日数 = 终日累计日数 - 初日累计日数 + 1$$

①霜、雪、积雪、结冰和最低气温≤0.0℃、地面最低温度≤0.0℃、草面(雪面)最低温度≤0.0℃的初终间日数,按年度(去年7月1日至今年6月30日)统计。

例 1991~1995年度霜的初终间日数如下表:

年 度	初 日	终 日	初终间日数
1991	18/12	2/2	47
1992	13/12	28/12	16
1993	14/12	29/12	16
1994	10/1	10/1	1
1995	4/1	3/2	31

②雷暴的初终间日数,按年份(当年1月1日至12月31日)统计。

例如:某站1991年雷暴的初日为4月18日,终日为9月21日,则初终间日数为157天。

(3)无霜期日数 按以下规定,分别统计。

①当上年度终霜日和本年度初霜日出现在同一个年份内时,则无霜期日数为上年度终霜日的次日至本年度初霜日的前1天之间的日数。

$$无霜期日数 = 初日累计日数 - 终日累计日数 - 1$$

在下表所举的例子中,1992、1996年的无霜期日数即属此种情况。

报表年份	上年度终日	本年度初日	无霜期日数
1992	2/2	13/12	314
1993	28/12	14/12	347
1994	29/12	10/1*	365
1995	10/1	4/1**	355
1996	3/2	25/12	325

*、**1994、1995年的本年度初日栏,在1994、1995年的年报表中应为空白。

②当上年度终霜日和本年度初霜日不在一个年份内时,则无霜期日数按年份(1月1日至12月31日)统计。

(a)当本年度初霜日出现在12月31日以前(在本年份内),但上年度终霜日出现在1月1日以前(不在本年份内)时,则无霜期日数为当年1月1日至本年度初霜日前一天之间的日数(如上表中的1993年),即无霜期日数=初日累计日数-1。

(b)当上年度终霜日出现在1月1日以后(在本年份内),但本年度初霜日出现在12月31日以后

(不在本年份内)时,则无霜期日数为上年度终霜日的后一天至当年 12 月 31 日之间的日数(如上表中的 1995 年),即无霜期日数 = 365(或 366) - 终日累计日数。

(c)当上年度终霜日出现在 1 月 1 日以前,本年度初霜日出现在 12 月 31 日以后,即本年份内未出现霜时,则无霜期日数为 365 天(如上表中的 1994 年,闰年为 366 天)。

22.4.8 各时段年最大降水量及开始时间的挑选

从全年的降水自记纸或每分钟降水量数据文件中,挑选出本年内 15 个时段的年最大降水量及相应的开始时间。

(1)时段划分 挑选年最大降水量的时段分为 5、10、15、20、30、45、60(1)、90(1.5)、120(2)、180(3)、240(4)、360(6)、540(9)、720(12)、1440(24)分钟(小时),共 15 个时段(括号内的数字为分钟对应的小时数)。

(2)挑选方法 各时段年最大降水量从年内各月降水量自记纸或每分钟降水量数据文件中滑动挑取,且不受日、月界的限制(但不跨年挑取)。各时段年最大降水量及开始时间,只有当 1440 分钟(24 小时)年最大降水量≥10.0 mm 时才挑选。全年中任意 1440 分钟(24 小时)最大降水量都不足 10.0 mm 时,15 个时段各栏均空白。

①计算机挑选方法:

以 1 分钟为步长,从 1~12 月的每分钟降水量数据文件中滑动挑取最大的 5、10、…、1440 分钟累计降水量及开始时间。

②人工挑选方法:

根据各月报表逐日各时的自记降水量记录,先挑出 1 年中几次(或十几次)较大的降水过程,并从相应的自记纸上在各时段降水量最大的线段上(一般在自记迹线较陡的地方),用铅笔分别做出开始与终止的时间记号,计算出各时段的降水量,记其相应的开始时间(终止时间不记。当某时段最大降水量在一段迹线上交错出现两次或以上时,则开始时间任挑其中的一个),录入在自记纸的空白处。为了避免漏挑某些时段的年最大值,还应把全年的自记纸再普查一次,并补挑一些时段的最大降水量及开始时间,特别要注意在降水时间较短、但降水强度很大的自记迹线上挑选短时段最大降水量及开始时间。然后把全年各次挑出的各时段最大降水量及开始时间列成统计表,并按时段分别进行比较,从中挑取其中一个降水量最大者,即为各该时段的年最大降水量,并记录其相应的开始时间。

降水过程的选择和每次降水过程中降水时段的选取,均应根据降水强度而定,总的要求以不漏挑各时段的年最大值为原则。为避免漏挑年最大值,降水过程和降水时段应尽量多挑一些,但也不要求每次降水过程都选 15 个时段。在挑选各时段最大降水量时,如遇某些时段在规定时间内降水有停歇,或降水时间不足某时段的规定分钟数,但其降水量估计有可能接近该时段的年最大值时,则该时段最大降水量仍应挑选;若某一时段(例如 5 分钟)的年最大降水量同时也为另一时段(例如 10 分钟)的年最大值时,也应照常挑取。

各时段年最大降水量,出现两次或以上相同时,开始时间栏记出现次数。

22.5 三次与四次观测、白天守班与昼夜守班观测资料合并统计的规定

22.5.1 三次观测与四次观测资料合并统计的规定

一年内,若几个月是三次观测,另外几个月是四次观测,在统计年平均值时,三次观测 02 时记录凡用自记记录、08 时记录代替或用计算求得的项目,均与四次观测记录合并统计;本站气压、云量、风向风速及 15、20、40 cm 地温的三次观测记录的月平均值、频率值也与四次观测记录的月平均值、频率值合并统计。

22.5.2 白天守班与昼夜守班观测资料合并统计的规定

一年内,若几个月是白天守班,另外几个月是昼夜守班,则白天守班与昼夜守班的天气现象日数是否合并做年统计,应视天气现象和当地气候情况区别对待:虽夜间不守班,但某天气现象基本无漏记或虽有

部分漏记但仍有较大代表性者,则该天气日数合并做年统计;否则,该天气现象日数不做年统计,年合计栏记"-"。

22.6 站址迁移前后观测记录的统计

(1)站址迁移前后观测记录合并统计的规定

站址在年内迁移,如果两地的地形差异不大,水平距离未超出50 km,拔海高度差在100.0 m以内,而且迁站前后的观测记录没有显著的不连续现象时,则各项目迁站前后的观测记录均可合并作年统计(当气压感应部分拔海高度差在1.5 m以上、100.0 m以内时,本站气压须经高度差订正);如果迁站前后的观测记录有显著的不连续现象或两地的地形差异很大,或水平距离超过50 km,或拔海高度差在100.0 m或以上时,则各项目迁站前后的观测记录不做年统计。

(2)本站气压高度差的订正方法

站址迁移后,新旧站址气压感应部分的拔海高度差在1.5 m以上、100.0 m以内时,年内迁站前本站气压的月平均值和月平均最高、最低值及月极端最高、最低值,均须订正到迁站后气压感应部分拔海高度处相应的本站气压值,然后才能合并做年统计。

本站气压高度差的订正方法,按下列公式计算:

$$\Delta P = P_1 (e^{-0.03415 \Delta h / T_1} - 1)$$
$$\Delta h = h_2 - h_1$$

式中 ΔP 为本站气压高度差订正值(hPa); P_1 为迁站前的本站气压(hPa); T_1 为迁站前的月平均气温(K,绝对温度); Δh 为迁站前(h_1)、后(h_2)气压感应部分的拔海高度差(m)。

22.7 年报表的格式

人工观测方式、自动观测方式或基准气候站的地面气象记录年报表,均按同一格式编制(详见《地面气象观测数据文件和记录簿表格式》)。基准站平行观测资料亦按此格式填写(无观测项目空白不填)和统计整理,并上报存档。

第 23 章 缺测记录的处理和不完整记录的统计

在地面气象观测工作中,值班员应连续监视天气演变状况,按规定巡视检查仪器设备,及时发现计算机故障,因此一般情况下缺测现象是可以避免的。但由于某些客观或主观因素,观测记录缺测(或有疑误)的情况仍可能发生。例如,当出现沙尘暴时,会造成云量云状缺测;由于暴雨影响,蒸发量观测会发生疑误;自动观测仪器失灵或计算机故障及人为操作失误也会造成记录缺测。因此,当缺测记录发生时,如为人工观测,则应尽量利用实测记录,弥补缺测造成的损失;如为自动观测,除 4 次基本定时和发报观测外一般不进行补测,但应采取合理的统计处理方法,以保持资料序列完整及统计结果符合实际。

23.1 疑误记录的处理方法

(1)某次记录不完全正确或有疑误时,应根据该记录前、后相关气象要素的变化情况和历史资料极值记录进行判断,当某次记录不完全正确但基本可用时,按正常记录处理;当某次记录有明显错误且无使用价值时,按缺测处理(记"—")。

(2)温度表水银柱发生中断时,一般按缺测处理。但若对记录质量影响不大时,也可用温度表示度值减去空隙部分所占的度数求得。温度表酒精柱发生中断时,一律按缺测处理。

上述疑误记录的处理情况,应在备注栏注明。

23.2 缺测记录的处理方法

23.2.1 定时观测记录缺测时的处理方法

(1)人工观测定时记录缺测时的处理方法

①定时观测记录缺测时,基准站用自动观测记录代替;基本站、一般站凡有自记仪器的项目,应用订正后的自记记录代替;无自记仪器的项目,应在一小时或以内(以 02、08、14、20 时 00 分为准)进行补测;既无自记仪器(或自记记录也缺测)又未补测时,该定时记录按缺测处理,有关栏记"—"。

定时观测记录迟测、早测时,基准站用自动观测记录代替;基本站、一般站凡有自记仪器的项目,应用订正后的自记记录代替;无自记仪器的项目,迟测、早测时间距 02、08、14、20 时 00 分在一小时或以内,仍用原观测记录,迟测、早测时间在一小时以上时,该定时记录按缺测处理。

②三次观测站 02 时压、温、湿、风自记记录缺测时,应从正点前、后 10 分钟(风为正点前 20 分钟至正点后 10 分钟,下同)内取接近正点的自记记录代替;若正点前、后 10 分钟内的自记记录也缺测时,则按 20.5.2 无自记仪器的有关规定处理。其中求算 02 时气温时,若当日最低气温或前一天 20 时气温也缺测,则 02 时气温用 08 时记录代替。

③风速记录缺测但有风向时,则风向亦按缺测处理;有风速而无风向时,则风速照记,风向记"—"。

(2)自动观测定时数据缺测时的处理方法

①自动观测定时数据有缺测时,基准站用人工平行观测记录代替;其他站一般不进行补测,仅在 02、08、14、20 时 4 个定时和规定编发气象观测报告的时次,气压、气温、湿度、风向、风速、降水记录缺测时,用现有人工观测仪器或通风干湿表、轻便风向风速表等在正点后 10 分钟内进行补测;超过 10 分钟时不进行补测,该时数据按缺测处理。

②在自动观测定时数据中,某一定时数据(降水量除外)缺测时,用前、后两定时数据内插求得,按正常数据统计;若连续两个或以上定时数据缺测时,不能内插,仍按缺测处理。

③辐射自动观测仪出现故障时,采用精度高的毫伏表(四位半)进行测量,即将辐射表与毫伏表连接,在每个地平时正点读出毫伏表的电压值(V),根据辐射表的灵敏度 K 算出辐照度(E)。

$$E = V/K \times 1000$$

其中 V 为以 mV 为单位的电压值。

然后用两相邻的 E 值,用梯形求面积的公式,计算出每小时总量 H,再求和得出日总量 D。例:某站某日日出时间为 6 时 32 分,用毫伏表测得 7 时总辐射表为 2.67 mV,8 时为 5.93 mV。总辐射表的灵敏度为 9.03 μV·W^{-1}·m^{2},则 6~7 时和 7~8 时的时总量计算如下:

7 时辐照度 = 2.67 × 1000/9.03 = 296 W·m^{-2}

8 时辐照度 = 5.93 × 1000/9.03 = 657 W·m^{-2}

6~7 时曝辐量 H_7 = (0 + 296)/2 × (60 − 32) × 60 = 248640 J·m^{-2} = 0.25 MJ·m^{-2}

7~8 时曝辐量 H_8 = (296 + 657)/2 × (60 × 60) = 1715400 J·m^{-2} = 1.72 MJ·m^{-2}

23.2.2 各时自记记录缺测时的处理方法

(1)风向、风速(或其中一项)某时自记记录缺测时,应用其他风的自记记录代替;若无其他风的自记仪器时,应从正点前 20 分钟至正点后 10 分钟内,取接近正点的 10 分钟平均风速和最多风向代替;若正点前 20 分钟至正点后 10 分钟内的自记记录也缺测时,该时风向、风速按缺测处理(若缺测一项,则当风速缺测时,风向亦按缺测处理;当风向缺测时,风速照记,风向记"—")。

(2)降水量自记迹线有缺测,若缺测时间在两正点之间时(无虹吸或笔位无下落),该时降水量照常计算;若缺测时间跨越某一个或几个正点时,有关各时降水量应用其他雨量计的自记记录代替;若无其他雨量计时,则整个缺测时段记其累计量,并填在该时段的最后一个小时栏内,其他各时共用"←"符号表示。

例如,某日 2 时以后至 6 时以前迹线缺测,2 时读数为 2.4 mm,6 时为 8.5 mm,则报表填写为:

2 − 3　　3 − 4　　4 − 5　　　5 − 6

←―――――――――――――――――→　6.1

若缺测时间内的累计量无法从自记纸上直接计算出来时,则均按缺测处理。

(3)日照时数全天缺测时,若全天为阴雨天气,则日照时数日合计栏记 0.0。否则,该日日照时数按缺测处理,日合计栏记"—"(各时日照时数栏空白)。

23.2.3 日极值缺测时的处理方法

(1)人工观测日极值缺测时的处理方法

①一日中,本站气压、相对湿度、风速的自记迹线有部分记录缺测时,则从实有的自记迹线中挑选日极值。从实有的自记迹线中挑取的日最高、最低本站气压和日最小相对湿度已不及从定时观测记录中挑取的日极值为高(或低、小)时,则日最高、最低本站气压和日最小相对湿度改从当日各定时观测记录中挑取;从实有的自记迹线中挑取的日最大、极大风速无代表性时,则按缺测处理。

②日最高、最低气温缺测时,用订正后的自记日最高、最低气温代替(订正方法,与日最高、最低本站气压相同);若无温度自记仪器或温度自记日极值也缺测时,改从当日各定时观测气温中挑取。

③日地面最高、最低温度缺测时,改从当日各定时观测地面温度中挑取。

(2)自动观测日极值缺测时的处理方法

一日中,本站气压、气温、相对湿度、风速、地面温度、草面(雪面)温度的自动观测记录有部分缺测时,则从实有的自动观测记录和人工补测的定时观测记录中挑选日极值,当自动观测极值和人工补测极值相同时,相应出现时间以自动观测记录为准;自动观测记录全天缺测时,则从人工补测的定时观测记录中挑取日极值(地面、草面/雪面最高、最低温度按缺测处理)。

23.2.4 天气现象起止时间缺测时的处理方法

天气现象的开始时间缺测时,只记终止时间,如 ※ − 9^{08};终止时间缺测时,只记开始时间,如 ※ 16^{17}—;起止时间都缺测时,只记该现象符号,如 ※。

上述所有缺测记录的处理方法,均应在备注栏说明。

23.3 不完整记录的统计规定

23.3.1 平均值项目的统计

（1）4次（或3次）定时记录平均值的统计规定

①一日中定时记录缺测一次或以上时，该日不做日平均，但该日其他各定时记录仍参加各定时的候、旬、月统计。

②一候中某定时的气温缺测一次时，各定时按实有记录做候统计，日平均栏的候平均值按横行统计；缺测两次或以上时，该候不做候统计，按缺测处理。

③一旬中某定时的记录缺测两次或以下时，各定时按实有记录做旬统计，日平均栏的旬平均值按横行统计；缺测三次或以上时，该旬不做旬统计，按缺测处理。

④一月中某定时的记录缺测六次或以下时，各定时按实有记录做月统计，日平均栏的月平均值按横行统计；缺测七次或以上时，该月不做月统计，按缺测处理。

⑤一年中有一个月或以上记录不做月统计时，该年不做年统计，按缺测处理。

⑥日平均栏的候、旬、月平均值的横行统计方法：日平均栏的候、旬、月平均值，分别为该候、旬、月各定时的候、旬、月平均值除以每日记录次数而得。横行统计方法图示如下：

时间\日期	02	08	14	20	平均
1	—				—
⋮		同	同	同	
6	—				—
⋮					
15				—	—
⋮					
21	—	—			—
⋮					
25				—	—
26	—			—	
⋮		左	左	左	
31					—
候平均					
下旬平均					
月平均					

注：月报表中无候平均栏，为示意方便，此表列上了该栏。

（2）24次定时记录平均值的统计规定

①一日中，若24次定时记录有缺测时，该日按02、08、14、20时四次定时记录做日平均；若四次定时记录缺测一次或以上、但该日各定时记录缺测五次或以下时，按实有记录做日统计；缺测六次或以上时，不做日平均，但该日其他各定时记录仍参加各定时的候、旬、月平均值统计。

②一候、旬、月中，某定时记录分别缺测一次、二次、六次或以下时，各定时按实有记录做候、旬、月统计；缺测二次、三次、七次或以上时，该定时不做候、旬、月统计。

③日平均栏的候、旬、月平均值的横行统计方法：一候、旬、月中，各定时平均值缺测五个或以下时，日平均栏按实有定时平均值做候、旬、月统计；缺测六个或以上时，日平均栏不做候、旬、月统计（遇日平均值按02、08、14、20时四次定时记录统计时，则日平均栏的候、旬、月平均值按四次定时记录的统计规定进行统计）。

23.3.2 总量值项目的统计

(1) 日总量值

人工观测降水量,一日中定时记录缺测一次,另一定时记录未缺测时,则按实有记录做日合计;自动观测降水量、蒸发量、日照时数、辐射曝辐量,一日中各时降水量、蒸发量、日照时数、辐射曝辐量缺测数小时但不是全天缺测时,按实有记录做日合计。全天缺测时,日合计栏记"—"。

(2) 候、旬、月、年总量值

①一候中,降水量缺测一天时,按实有记录做候合计;缺测两天或以上时,该候不做候合计,按缺测处理。

②一旬中,降水量、蒸发量、日照时数缺测两天或以下时,按实有记录做旬合计;缺测三天或以上时,该旬不做旬合计,按缺测处理。

③一月中,降水量、蒸发量、日照时数缺测六天或以下时,按实有记录做月合计;缺测七天或以上时,该月不做月合计,按缺测处理。

一月中,各项辐射曝辐量日总量缺测九天或以下时,各时及日总量的月合计、月平均按下列方法统计:

时(日)总量的月平均 = 实有记录之和 ÷ 实有记录天数

时(日)总量的月合计 = 时(日)总量的月平均值(取三位小数) × 该月全部天数

缺测十天或以上时,该月不做月统计,按缺测处理。

④一年中总量值项目因缺测有一个月或以上不做月合计时,该年不做年合计,按缺测处理。

一年中,蒸发量有几个月是小型蒸发器观测,有几个月是大型蒸发器观测,该年小型蒸发量和大型蒸发量均不做年合计。

⑤记录有缺测时,日合计栏及降水量的20—08、08—20、08—08时栏的候、旬、月合计值,由各栏横行或纵行累加而得。

23.3.3 极端值项目的统计

(1) 日极值有缺测时,则从各日实有的日极值中挑选月极值。

(2) 水汽压定时记录有缺测时,则从各日实有定时记录中挑取月极值;日降水量有缺测时,则从各日实有日总量中挑取一日最大降水量。

(3) 月极值有缺测时,则从各月实有月极值中挑取年极值。

(4) 降水自记记录(或自动观测每分钟降水量)有缺测时,缺测时段人工观测的定时降水量记录应参加各时段年最大降水量及开始时间的挑选。

23.3.4 频率值项目的统计

(1) 月、年"风的统计"栏的统计

①各风向平均风速:一月中,4次(或24次)观测各定时风向风速缺测10次(或60次)或以下时,月、年各风向平均风速均按各定时实有做统计;缺测11次(或61次)或以上时,月、年各风向平均风速按缺测处理。

②各风向频率:一月中,4次(或24次)观测各定时风向风速缺测10次(或60次)或以下时,月、年各风向出现频率按实有记录做统计;缺测11次(或61次)或以上时,月、年各风向频率按缺测处理。

③各风向最大风速:一月(年)中,各定时风向风速有缺测时,则从实有记录中挑取各风向月(年)最大风速。

(2) 月、年日照百分率的统计

一月中,某日日照时数缺测,在计算月、年日照百分率时,该月、年的可照总时数中应减去该日的可照时数,然后按公式计算得到月、年日照百分率值;月、年日照总时数缺测时,月、年日照百分率亦按缺测处理。

23.3.5 日数和回数的统计

记录有缺测,但仍做月、年平均值、总量值统计时,有关月、年日数、回数亦应做统计;月、年平均值、总量值缺测时,有关日数、回数亦按缺测处理。

能见度记录有缺测时,以定时为单位统计能见度出现回数:某定时能见度缺测六次或以下时,按实有记录做统计;缺测七次或以上时,该定时能见度出现回数按缺测处理。

附录1 地面气象观测仪器的基本技术性能

表1.1 地面气象观测业务准确度要求与常用仪器性能
（摘自 WMO CIMO 指南Ⅵ）

测量要素		测量范围	报告的分辨力	要求的准确度	可达到的业务准确度	传感器时间常数	输出的平均时间	观测/测量方法
温度	气温	−60 ~ +60℃	0.1℃	±0.1℃	±0.2℃	20 s	1 min	I
	气温极值	−60 ~ +60℃	0.1℃	±0.5℃	±0.2℃	20 s	1 min	
湿度	露点温度	< −60 ~ +35℃	0.1℃	±0.5℃	±0.5℃	20 s	1 min	I
	相对湿度	5% ~ 100%	1%	±3%	湿球温度			
					±0.2℃	20 s	1 min	
					固态或其他			
					±3% ~ 5%	40 s	1 min	
大气压	气压	920 ~ 1080 hPa	0.1 hPa	±0.1 hPa	±0.3 hPa	20 s	1 min	
	趋势		0.1 hPa	±0.2 hPa	±0.2 hPa			
云	云量	0 ~ 8/8	1/8	±1/8	±1/8			
	云底高度	< 30 m ~ 30 km	30 m	±10 m, ≤100 m; ±10%, >100 m	≈10 m			I
风	风向	0 ~ 360°	10°	±5%	±5°	1 s	2 min 或 10 min	A
	风速	0 ~ 75 m/s	0.5 m/s	±0.5 m/s, ≤5 m/s; ±10, >5 m/s	±0.5 m/s	距离常数 2 ~ 5 m		
	阵风	5 ~ 75 m/s	0.5 m/s	±10%	±0.5 m/s		3 s	
降水	降水量	0 ~ >400 mm	0.1 mm	±0.1 mm, ≤5 mm; ±2%, >5 mm	±5%			T
	雪深	0 ~ 10 m	1 cm	±1 cm, ≤20 cm; ±5%, >20 cm				A I
能见度	气象光学视距	50 m ~ 70 km	50 m	±50 m, ≤500 m; ±10%, >500 m	±10% ~ 20%	3 min		I
	跑道视程	< 50 m ~ 1500 m	25 m	±25 m, ≤150 m; ±50 m, >150 m ~ ≤500 m; ±100 m, >500 m ~ ≤1000 m; ±200 m, >1000 m			1 min 和 10 min	A

附录1 地面气象观测仪器的基本技术性能

(续表)

测量要素		测量范围	报告的分辨力	要求的准确度	可达到的业务准确度	传感器时间常数	输出的平均时间	观测/测量方法
蒸发	蒸发皿的蒸发量	0~10 mm	0.1 mm	±0.1 mm,≤5 mm; ±2%,>5 mm				T
辐射	日照时数	0~24 h	0.1 h	±0.1 h	±0.2%	20 s		T
	净全辐射		1 MJ/(m²·d)	±0.4 MJ/(m²·d), ≤8 MJ/(m²·d) ±50%, >8 MJ/(m²·d)	±0.5%, *	20 s		T

注:(1)测量要素栏中列出的是一些基本量。
(2)测量范围栏中给出的是大多数测量要素的一般变化范围,限区取决于当地的气候条件。
(3)报告的分辨力栏中给出的是电码手册确定的必须遵守的分辨力。
(4)要求的准确度栏中给出的是通常已获使用的推荐的准确度要求。个别应用可以低于严格的要求。要求的准确度的确定值表示报告值相对于真值的不确定度。
(5)观测/测量方法栏中: Ⅰ为排除自然的小尺度变率与噪声,1分钟的平均可作为最小的和最合适的要求,高到10分钟的平均也是可接受的。
　　　　　　　　　　A为在一个固定的时间间隔内的平均值。
　　　　　　　　　　T为在一个固定的时间间隔内的总量。
(6)*表中所列净全辐射可达到的业务准确度仍用原表的数据,可能有误。

附录1 地面气象观测仪器的基本技术性能

表1.2 人工观测气象仪器技术性能表

测量要素	测量范围	测量准确度	其他
干湿球温度表	-36 ~ +46℃ -26 ~ +51℃ -36 ~ +41℃		分度值:0.2℃
通风干湿表用温度表	-26 ~ +46℃ -16 ~ +51℃		分度值:0.2℃
最高温度表	-36 ~ +61℃ -16 ~ +81℃		分度值:0.5℃
最低温度表	-62 ~ +31℃ -52 ~ +41℃		分度值:0.5℃
低温温度表	-60 ~ +30℃		分度值:0.5℃
双金属温度计	-35 ~ +45℃	1℃	走时和误差: 24 h ±5 min(日转) 168 h ±30 min(周转)
毛发湿度表(计)	30%~100%	6% RH	分辨力:1% 走时和误差: 24 h ±5 min(日转) 168 h ±30 min(周转)
虹吸雨量计	雨强: 0.05~4 mm/min	记录误差: 0.05 mm	走时和误差:24 h ±5 min
遥测雨量计	雨强: 0.1~4 mm/min	0.4 mm(10 mm 以下) 4%(10 mm 以上)	分辨力:0.1 mm; 走时和误差:24 h ±5 min
EL型电接风向风速仪	2~40 m/s 16 个方位	≤(0.5 + 0.05 V)m/s ≤1/2 个方位	起动风速:1.5 m/s 风向标不感应角:≤1 个方位
暗筒式日照计	记录时间: 5:00~19:00		适用范围: 0~60°N
DEM6型轻便风向风速表	1~30 m/s 0~360°	0.4 m/s 10°	起动风速:0.8 m/s
地面温度表	-36 ~ +81℃		分度值:0.5℃
曲管地温表	-26 ~ +61℃		分度值:0.5℃
直管地温表	-21 ~ +41℃		分度值:0.5℃
动槽水银气压表	810~1070 hPa 520~890 hPa	0.4 hPa	
定槽水银气压表	810~1070 hPa	0.5 hPa	
DYM3型空盒气压表	800~1060 hPa 500~1030 hPa	2.0 hPa 3.3 hPa	
DYJ1型气压计	960~1050 hPa	1.5 hPa	走时和误差: 24 h ±5 min(日转) 168 h ±30 min(周转)

附录 2 湿度参量的计算公式

1. 饱和水汽压

在一定温度下,空气中的水汽与相毗连的水或冰平面处于相变平衡时湿空气中的水汽压。

饱和水汽压采用世界气象组织推荐的戈夫-格雷奇(Goff-Gratch)公式。

(1)纯水平液面饱和水汽压的计算公式

$$\log E_w = 10.79574(1 - T_1/T) - 5.02800\log(T/T_1) + 1.50475 \times 10^{-4}[1 - 10^{-8.2969(T/T_1 - 1)}] + 0.42873 \times 10^{-3}[10^{4.76955(1 - T_1/T)} - 1)] + 0.78614$$

式中 E_w:纯水平液面饱和水汽压(hPa);$T_1 = 273.16$ K(水的三相点温度);$T = 273.15 + t$℃(绝对温度 K)。

(2)纯水平冰面饱和水汽压的计算公式

$$\log E_i = -9.09685(T_1/T - 1) - 3.56654\log(T_1/T) + 0.87682(1 - T/T_1) + 0.78614$$

式中 E_i:纯水平冰面饱和水汽压(hPa);T_1 和 T 同上。

2. 水汽压

(1)用干湿球温度求空气中水汽压的计算公式

$$e = E_{tw} - AP_h(t - t_w)$$

式中 e:水汽压(hPa);E_{tw}:湿球温度 t_w 所对应的纯水平液面的饱和水汽压,湿球结冰且湿球温度低于 0℃ 时,为纯水平冰面的饱和水汽压;A:干湿表系数(℃$^{-1}$),由干湿表类型、通风速度及湿球结冰与否而定,其值见干湿表系数表;P_h:本站气压(hPa);t:干球温度(℃);t_w:湿球温度(℃)。

附表 2.1 干湿表系数表

干湿表类型及通风速度	$A_i \times 10^{-3}$(℃$^{-1}$)	
	湿球未结冰	湿球结冰
通风干湿表(通风速度 2.5 m/s)	0.662	0.584
球状干湿表(通风速度 0.4 m/s)	0.857	0.756
柱状干湿表(通风速度 0.4 m/s)	0.815	0.719
现用百叶箱球状干湿表(通风速度 0.8 m/s)	0.7947	0.7947

(2)当使用湿敏电容、毛发表或湿度计等直接测得相对湿度时,由相对湿度求水汽压公式

$$e = U \times E_w/100$$

式中 U:相对湿度(%);e:水汽压(hPa);E_w:干球温度 t 所对应的纯水平液面饱和水汽压(hPa)。

3. 相对湿度

(1)使用干湿球温度表测湿时,空气中相对湿度的计算公式

$$U = (E/E_w) \times 100\%$$

式中 U:相对湿度(%);e:水汽压(hPa);E_w:干球温度 t 所对应的纯水平液面饱和水汽压(hPa)。

(2)使用毛发湿度表(计)测湿时,空气中相对湿度的计算公式

$$Y = b_0 + b_1 X + b_2 X^2 + b_3 X^3$$

式中 Y:经毛发湿度表(计)订正后的相对湿度(%);X:毛发湿度表(计)读数(%);b_0, b_1, b_2, b_3:回归多项式系数,即毛发湿度表(计)的订正系数。

4. 露点温度

露点温度没有直接计算公式，它实际上是对 Goff-Gratch 公式的求解，从公式中可以看到求解的复杂性，在地面气象测报业务软件中采用新系数的马格拉斯公式求出初值，再用逐步逼近（最多 3 次）方法求出露点温度 T_d（℃）。

马格拉斯公式为：

$$e = E_0 \times 10^{\frac{a \times T_d}{b + T_d}}$$

转换为：

$$T_d = \frac{b \times \lg \frac{e}{E_0}}{a - \lg \frac{e}{E_0}}$$

式中 e：水汽压（hPa）；E_0：0℃时的饱和水汽压，等于 6.1078 hPa；a：系数，取 7.69；b：系数，取 243.92。

经验算：初值精度为，当 $-80 < T_d < 40$ 时，误差为 ±0.14；当 $40 \leqslant T_d < 50$ 时，误差为 ±0.2。因此这种新系数的马格拉斯公式具有一定的实用价值。

附录3 风力等级表

当没有测定风向、风速的仪器,或虽有仪器但因故障而不能使用时,可目测风向、风力。

1. 估计风力

根据风对地面或海面物体的影响而引起的各种现象,按风力等级表估计风力共分13(0~12级)级,并记录其相应风速的中数值。

2. 目测风向

根据炊烟、旌旗、布条展开的方向及人的感觉,按八个方位估计。

目测风向、风力时,观测者应站在空旷处,多选几个物体,认真地观测,以尽量减少估计误差。

3. 风力等级表

风力等级	名称	海面大概波高(m)		海面和渔船征象	陆上地物征象	相当于平地10 m高处的风速(m/s)	
		一般	最高			范围	中数
0	静风	—	—	海面平静	静、烟直上	0.0~0.2	0.0
1	软风	0.1	0.1	微波如鱼鳞状,没有浪花。一般渔船正好能使舵	烟能表示风向,树叶略有摇动	0.3~1.5	1.0
2	轻风	0.2	0.3	小波、波长尚短,但波形显著,波峰光亮但不破裂。渔船张帆时,可随风移行每时1~2海里*	人面感觉有风,树叶有微响,旗子开始飘动。高的草开始摇动	1.6~3.3	2.0
3	微风	0.6	1.0	小波加大,波峰开始破裂;浪沫光亮,有时有散见的白浪花。渔船开始簸动,张帆随风移行每小时3~4海里	树叶及小枝摇动不息,旗子展开。高的草摇动不息	3.4~5.4	4.0
4	和风	1.0	1.5	小浪,波长变长;白浪成群出现。渔船满帆时,可使船身倾于一侧	能吹起地面灰尘和纸张,树枝动摇。高的草呈波浪起伏	5.5~7.9	7.0
5	清劲风	2.0	2.5	中浪,具有较显著的长波形状;许多白浪形成(偶有飞沫)。渔船需缩帆一部分	有叶的小树摇摆,内陆的水面有小波。高的草波浪起伏明显	8.0~10.7	9.0
6	强风	3.0	4.0	轻度大浪开始形成;到处都有更大的白沫峰(有时有些飞沫)。渔船缩帆大部分,并注意风险	大树枝摇动,电线呼呼有声,撑伞困难。高的草不时倾伏于地	10.8~13.8	12.0

---

* 1海里 = 1.852 km

附录3 风力等级表

(续表)

风力等级	名称	海面大概波高(m)		海面和渔船征象	陆上地物征象	相当于平地10 m高处的风速(m/s)	
		一般	最高			范围	中数
7	疾风	4.0	5.5	轻度大浪,碎浪而成白沫沿风向呈条状。渔船不再出港,在海者下锚	全树摇动,大树枝弯下来,迎风步行感觉不便	13.9~17.1	16.0
8	大风	5.5	7.5	有中度的大浪,波长较长,波峰边缘开始破碎成飞沫片;白沫沿风向呈明显的条带。所有近海渔船都要靠港,停留不出	可折毁小树枝,人迎风前行感觉阻力甚大	17.2~20.7	19.0
9	烈风	7.0	10.0	狂浪,沿风向白沫呈浓密的条带状,波峰开始翻滚,飞沫可影响能见度。机帆船航行困难	草房遭受破坏,屋瓦被掀起,大树枝可折断	20.8~24.4	23.0
10	狂风	9.0	12.5	狂涛,波峰长而翻卷;白沫成片出现,沿风向呈白色浓密条带;整个海面呈白色;海面颠簸加大有震动感,能见度受影响,机帆船航行颇危险	树木可被吹倒,一般建筑物遭破坏	24.5~28.4	26.0
11	暴风	11.5	16.0	异常狂涛(中小船只可一时隐没在浪后);海面完全被沿风向吹出的白沫片所掩盖;波浪到处破成泡沫;能见度受影响,机帆船遇之极危险	大树可被吹倒,一般建筑物遭严重破坏	28.5~32.6	31.0
12	飓风	14.0	—	空中充满了白色的浪花和飞沫;海面完全变白,能见度严重地受到影响	陆上少见,其摧毁力极大	32.7~36.9	35.0
13						37.0~41.4	39.0
14						41.5~46.1	44.0
15						46.2~50.9	49.0
16						51.0~56.0	54.0
17						56.1~61.2	59.0
18						≥61.3	—

附录4 气象辐射观测常用的公式

1. 时间

（1）时差 E_Q

时差 E_Q 指真太阳时与地方平均太阳时之差，按以下公式计算：

$$E_Q = 0.0028 - 1.9857\sin Q + 9.9059\sin 2Q - 7.0924\cos Q - 0.6882\cos 2Q \tag{4.1}$$

$$Q = 2\pi \times 57.3(N + \triangle N - N_0)/365.2422 \tag{4.2}$$

式中 N：按天数顺序排列的积日。1月1日为0；2日为1；其余类推……12月31日为364（平年）；闰年12月31日为365。

$\triangle N$ 为积日订正值，由观测地点与格林尼治经度差产生的时间差订正值 L 和观测时刻与格林尼治0时时间差订正值 W 两项组成。

$$\pm L = (D + M/60)/15 \tag{4.3}$$

式中 D：观测点经度的度值；M：分值；换算成与格林尼治时间差 L。东经取负号，西经取正号。

$$W = S + F/60 \tag{4.4}$$

式中 S：观测时刻的时值；F：分值。计算附录7的表7.1时，$S = 12$，$F = 0$。

最后两项时值再合并化为日的小数。我国处于东经 L 取负值，所以：

$$\triangle N = (W - L)/24 \tag{4.5}$$

$$N_0 = 79.6764 + 0.2422(Y - 1985) - \text{INT}[0.25(Y - 1985)] \tag{4.6}$$

式中 Y：年份；$\text{INT}(X)$：BASIC 语言中求出不大于 X 的最大整数的标准函数。

附录7 表7.1 的时差 E_Q 表就是根据上述公式计算的，其误差不大于 30 s。

（2）真太阳时 TT

$$TT = T_M + E_Q = C_T + L_c + E_Q \tag{4.7}$$

式中 TT：真太阳时；T_M：地方平均太阳时（地平时）；C_T：地方标准时（时区时），中国以 120°E 地方时为标准，称为北京时；Lc：经度订正（4 min/度），如果地方子午圈在标准子午圈的东边，则 Lc 为正，反之为负；E_Q：时差。

2. 太阳位置

（1）赤纬 D_E

$$\begin{aligned}D_E = {} & 0.3723 + 23.2567\sin Q + 0.1149\sin 2Q - 0.1712\sin 3Q - 0.7580\cos Q \\ & + 0.3656\cos 2Q + 0.0201\cos 3Q\end{aligned} \tag{4.8}$$

式中 Q 同本附录的(4.2)式。附录7 表7.2 的赤纬（太阳倾角）表是根据上式计算的，其误差不大于 0.03°。

（2）太阳高度角 H_A 与方位角 A

$$\sin H_A = \sin\Phi \cdot \sin D_E + \cos\Phi \cdot \cos D_E \cdot \cos T_0 \tag{4.9}$$

$$\cos A = (\sin D_E \cdot \cos\Phi - \cos D_E \cdot \cos\Phi \cdot \cos T_0)/\sin H_A \tag{4.10}$$

$$\sin A = -\cos D_E \cdot \sin T_0/\cos H_A \tag{4.11}$$

式中 Φ：当地纬度（保留1位小数）；D_E：太阳赤纬；T_0 太阳时角，按下式计算：

$$T_0 = (TT - 12) \times 15°（保留1位小数） \tag{4.12}$$

（3）可照时数 T_A 与日出时间 T_R，日落时间 T_S

附录4 气象辐射观测常用的公式

$$\sin\frac{T_B}{2} = \sqrt{\frac{\sin(45° + \frac{\Phi - D_E + r}{2})\sin(45° - \frac{\Phi - D_E - r}{2})}{\cos\Phi\cos D_E}} \quad (4.13)$$

式中 T_B 为半日可照时数；$r = 34'$ 为蒙气差；Φ 为当地纬度；D_E 为太阳赤纬。

可照时数 $T_A = 2 \times T_B$

T_B 化成时、分后，按下式算出日出时间 T_R 及日落时间 T_S：

$$T_R = 12 - T_B \quad (4.14)$$
$$T_S = 12 + T_B \quad (4.15)$$

上述 T_R, T_S 均为真太阳时，最后应化为地方平均太阳时。

3. 日地平均距离修正值

日地平均距离修正值为 $(\overline{R}/R)^2$，其计算公式为：

$$(\overline{R}/R)^2 = 1.000423 + 0.032359\sin Q + 0.000086\sin 2Q - 0.008349\cos Q + 0.000115\cos 2Q \quad (4.16)$$

式中 Q 同(4.2)式。

附录7表7.4是根据上式计算的，其误差不大于 6×10^{-4}。

附录5 气象辐射量新旧符号与单位换算

1. 气象辐射量定义及新旧符号对照表

辐射量定义	辐照度($W \cdot m^{-2}$)				曝辐量($MJ \cdot m^{-2}$)	
	我国的旧规定		WMO的新规定			
	符号	关系式	符号	关系式	时	日
垂直于太阳的直射辐射	S		S		H_S	D_S
水平面太阳直射辐射	S'	$S' = S \cdot \sin H_A$	S_L	$S_L = S \cdot \sin H_A$	H_L	D_L
太阳常数			S_0	$S_0 = 1367$		
总辐射	Q	$Q = S' + D$	$E_g \downarrow$	$E_g \downarrow = S_L + E_d \downarrow$	$H_g \downarrow$	$D_g \downarrow$
散射(天空)辐射向下部分	D		$E_d \downarrow$		$H_d \downarrow$	$D_d \downarrow$
短波反射辐射	R_k		$E_r \uparrow$		$H_r \uparrow$	$D_r \uparrow$
反射比	A_k	$A_k = R_k/Q$	E_k	$E_k = E_r \uparrow / E_g \downarrow$	H_k	D_k
大气长波辐射向下部分	E_A		$E_L \downarrow$		$H_L \downarrow$	$D_L \downarrow$
地球长波辐射	E_B		$E_L \uparrow$		$H_L \uparrow$	$D_L \uparrow$
净全辐射	B	$B = Q + E_A - R_K - E_B$	E^*	$E^* = E_g \downarrow + E_L \downarrow - E_r \uparrow - E_L \uparrow$	H^*	D^*
净短波辐射			E_g^*	$E_g^* = E_g \downarrow - E_r \uparrow$	H_g^*	D_g^*
净长波辐射	B_L	$B_L = E_A - E_B$	E_L^*	$E_L^* = E_L \downarrow - E_L \uparrow$	H_L^*	D_L^*

新符号规定说明:

$\downarrow$:向下辐射;$\uparrow$:向上辐射;E:辐照度;g:短波辐射;L:长波辐射;S:太阳直接辐射;$*$:净辐射;H:时曝辐量;D:日曝辐量;M:最大值,如M_g为总辐射最大值。

单位换算:

过去辐照度单位采用$cal \cdot cm^{-2} \cdot min^{-1}$,曝辐量采用$cal \cdot cm^{-2}$。1979年世界气象组织的仪器与观测方法委员会(CIMO)决定采用国际单位制。1984年我国开始实施法定计量单位,因cal是非法定的单位,故辐照度的单位改为$W \cdot m^{-2}$。

2. 不同辐照度的单位换算

1瓦·米$^{-2}$($W \cdot m^{-2}$)	1千瓦·米$^{-2}$($kW \cdot m^{-2}$)	1卡·厘米$^{-2}$·分$^{-1}$($cal \cdot cm^{-2} \cdot min^{-1}$)
1	0.001	0.0014331
1000	1	1.4331
697.8	0.6978	1

3. 不同曝辐量的单位换算

1焦耳·米$^{-2}$($J \cdot m^{-2}$)	1兆焦耳($MJ \cdot m^{-2}$)	1卡·厘米$^{-2}$($cal \cdot cm^{-2}$)
1	0.000001	0.00002388
100000	1	23.88459
41868.0	0.041868	1

附录5　气象辐射量新旧符号与单位换算

辐射标准：

我国1981年1月1日开始使用世界辐射测量基准(WRR)，在此之前使用的是国际直接日射表标尺(IPS)，两者关系为：

$$\frac{\text{WRR}}{\text{IPS}} = 1.022$$

因此，在1981年1月1日以前，我国所有辐射资料换成WRR必须乘系数1.022。

附录6 月观测记录质量检查方法和内容

1. 日极值与定时值的比较检查

(1) 日最低气压≤定时气压≤日最高气压；

(2) 日最低气温≤定时气温≤日最高气温；

(3) 日地面、草面最低温度≤定时地面、草面温度≤日地面、草面最高温度；

(4) 定时风速≤日最大风速；

(5) 日最小相对湿度≤定时相对湿度。

2. 要素的相关性检查

(1) 干球温度≥湿球温度（湿球温度在零下结冰时除外）；

(2) 定时温度≥露点温度；

(3) 总云量≥低云量；

(4) 海平面气压≥本站气压（拔海高度<0.0 m的台站除外）；

(5) 极大风速≥最大风速；

(6) 冻土深度≥0 cm时，地面最低温度≤0.0℃（解冻时除外）；

(7) 总云量≥1时，应有云状；

(8) 低云量≥1时，应有低云状；

(9) 云状为吹雪、雪暴、雾、轻雾现象时，总低云量均应为10；

(10) 云状为烟、霾、浮尘、沙尘暴、扬沙时，总低云量均应为"-"；

(11) 定时能见度<1.0 km时，应有雾或沙尘暴、雪暴、浮尘、烟幕、霾现象；

(12) 定时能见度<10.0 km时，应有轻雾或吹雪、扬沙、浮尘、烟幕、霾、降水现象；

(13) 降水量≥0.0 mm时，应有降水现象或雪暴；

(14) 积雪深度≥0 cm，应有积雪现象；

(15) 积雪深度≥5 cm时，应有雪压值；

(16) 电线积冰直径≥1 mm时，应有雨凇或雾凇现象；

(17) 雨凇（雾凇）直径≥8（≥15）mm时，应有重量值；

(18) 极大风速≥17.0 m/s时，应有大风现象；

(19) 风向为"C"时，风速≤0.2 m/s。

3. 项目的逻辑检查

(1) 总、低云量≤10成；

(2) 相对湿度≤100%；

(3) 电线积冰厚度≤直径；

(4) 冻土深度上限<下限（上、下限均为0时除外）；

(5) 各时日照时数≤1.0小时；

(6) 风向为N、E、S、W、C或前4个字母的规定组合；

(7) 云状为本规范规定的29种云的符号及雾、吹雪、雪暴、浮尘、霾、烟幕、扬沙、沙尘暴、轻雾等现象的符号或代码；

(8) 天气现象为本规范规定的34种现象符号或代码。

4. 项目之间的差值检查

(1) 5 cm与10 cm地温各定时记录的差值<15.0℃；

(2) 10 cm与15 cm地温各定时记录的差值<10.0℃；

(3) 15 cm 与 20 cm 地温各定时记录的差值 <8.0℃；

(4) 20 cm 与 40 cm 地温各定时记录的差值 <6.0℃；

(5) 0.8 m 与 1.6 m 地温各定时记录的差值 <4.0℃；

(6) 1.6 m 与 3.2 m 地温各定时记录的差值 <3.0℃。

5. 气候极值比较检查

(1) 日最高本站气压 <1050.0 hPa，日最低本站气压 >600.0 hPa；

(2) 日最高气温 <50.0℃，日最低气温 > -55.0℃；

(3) 湿球温度 <35.0℃；

(4) 水汽压 <55.0 hPa；

(5) 露点温度 <35.0℃；

(6) 低云高 <3000 m（距地高度）；

(7) 中云高 2500~5000 m（距地高度）；

(8) 高云高 >4500 m（距地高度）；

(9) 定时降水量 <200.0 mm；

(10) 日最大风速 <65.0 m/s；

(11) 日极大风速 <75.0 m/s；

(12) 日蒸发量 <30.0 mm；

(13) 雪深 <100 cm；

(14) 雪压 <30.0 g/cm^2；

(15) 电线积冰直径 <200 mm；

(16) 电线积冰重量 <30000 g/m；

(17) 冻土深度 <450 cm；

(18) 日地面、草面最高温度 <80.0℃，日地面、草面最低温度 > -60.0℃；

(19) -40.0℃ <5、10、15、20、40 cm 各定时地温 <45.0℃；

(20) -25.0℃ <0.8、1.6、3.2 m 各定时地温 <35.0℃。

上述 58 条检查规则中，一般情况下全国各地基本适用；但由于各地的气候差异较大，部分规则不一定适用，各地可根据实际情况进行修改。

附录7 辐射观测中常用的附表

表7.1 时差 E_Q 表(单位:分)(经度=120度,1992年)(12时0分)

日期		1月	2月	3月	4月	5月	6月	7月	8月	9月	10月	11月	12月
平年	闰年												
1		-2	-13	-13	-5	3	3	-3	-7	-1	10	16	11
2	1	-3	-13	-13	-4	3	2	-4	-7	-0	10	16	11
3	2	-3	-13	-13	-4	3	2	-4	-7	-0	11	16	10
4	3	-4	-13	-12	-4	3	2	-4	-6	0	11	16	10
5	4	-4	-14	-12	-3	3	2	-4	-6	1	11	16	10
6	5	-5	-14	-12	-3	3	2	-4	-6	1	12	16	9
7	6	-5	-14	-12	-3	4	2	-4	-6	1	12	16	9
8	7	-5	-14	-12	-3	4	1	-5	-6	2	12	16	8
9	8	-6	-14	-11	-2	4	1	-5	-6	2	13	16	8
10	9	-6	-14	-11	-2	4	1	-5	-6	2	13	16	8
11	10	-7	-14	-11	-2	4	1	-5	-6	3	13	16	7
12	11	-7	-14	-11	-1	4	1	-5	-6	3	13	16	7
13	12	-7	-14	-10	-1	4	1	-5	-6	3	14	16	6
14	13	-8	-14	-10	-1	4	0	-6	-5	4	14	16	6
15	14	-8	-14	-10	-1	4	0	-6	-5	4	14	15	5
16	15	-9	-14	-10	-0	4	-0	-6	-5	5	14	15	5
17	16	-9	-14	-9	-0	4	-0	-6	-5	5	15	15	5
18	17	-9	-14	-9	0	4	-1	-6	-5	5	15	15	4
19	18	-10	-14	-9	0	4	-1	-6	-4	6	15	15	4
20	19	-10	-14	-8	1	4	-1	-6	-4	6	15	14	3
21	20	-10	-14	-8	1	4	-1	-6	-4	6	15	14	3
22	21	-11	-14	-8	1	4	-1	-6	-4	7	15	14	2
23	22	-11	-14	-8	1	4	-2	-6	-3	7	16	14	2
24	23	-11	-14	-7	2	4	-2	-7	-3	8	16	13	1
25	24	-11	-14	-7	2	3	-2	-7	-3	8	16	13	1
26	25	-12	-13	-7	2	3	-2	-7	-3	8	16	13	0
27	26	-12	-13	-6	2	3	-2	-7	-2	9	16	12	-0
28	27	-12	-13	-6	2	3	-3	-7	-2	9	16	12	-1
29	28	-12	-13	-6	3	3	-3	-7	-2	9	16	12	-1
30	29	-13		-5	3	3	-3	-7	-1	10	16	11	-1
31	30	-13		-5	3	3	-3	-7	-1	10	16	11	-2
	31			-5		3		-7		-1	16		-2

注:(1)用月份、日期查表,闰年1、2月份与平年同,从3月1日开始查闰年一行。

(2)一般情况(即不符合1992年、12时、120°E)查此表时,最大误差不大于1分钟。

附录7 辐射观测中常用的附表

表 7.2 赤纬 D_E 表（单位：度）（经度＝120度,1992年）（12时0分）

日期 平年	日期 闰年	1月	2月	3月	4月	5月	6月	7月	8月	9月	10月	11月	12月
1		-23.1	-17.6	-8.3	3.8	14.5	21.8	23.2	18.5	8.9	-2.5	-13.9	-21.5
2	1	-23.1	-17.3	-7.9	4.2	14.8	21.9	23.2	18.2	8.6	-2.9	-14.2	-21.7
3	2	-23.0	-17.1	-7.5	4.6	15.1	22.1	23.1	18.0	8.2	-3.3	-14.5	-21.8
4	3	-22.9	-16.8	-7.1	5.0	15.4	22.2	23.0	17.7	7.8	-3.6	-14.8	-22.0
5	4	-22.8	-16.5	-6.8	5.4	15.7	22.3	22.9	17.4	7.5	-4.0	-15.1	-22.1
6	5	-22.7	-16.2	-6.4	5.8	16.0	22.5	22.9	17.2	7.1	-4.4	-15.5	-22.3
7	6	-22.6	-15.9	-6.0	6.1	16.3	22.6	22.8	16.9	6.7	-4.8	-15.8	-22.4
8	7	-22.5	-15.6	-5.6	6.5	16.5	22.7	22.7	16.6	6.4	-5.2	-16.1	-22.5
9	8	-22.4	-15.3	-5.2	6.9	16.9	22.8	22.6	16.4	6.0	-5.6	-16.4	-22.6
10	9	-22.2	-15.0	-4.8	7.9	17.1	22.9	22.5	16.1	5.6	-6.0	-16.6	-22.7
11	10	-22.1	-14.6	-4.4	7.6	17.1	22.3	22.3	15.8	5.2	-6.3	-16.9	-22.8
12	11	-21.9	-14.3	-4.0	8.0	17.7	23.0	22.2	15.5	4.9	-6.7	-17.2	-22.9
13	12	-21.8	-14.0	-3.6	8.4	17.9	23.1	22.1	15.2	4.5	-7.1	-17.5	-23.0
14	13	-21.6	-13.6	-3.2	8.7	18.2	23.2	21.9	14.9	4.1	-7.5	-17.8	-23.1
15	14	-21.5	-13.3	-2.8	9.1	18.4	23.2	21.8	14.6	3.7	-7.8	-18.0	-23.2
16	15	-21.3	-13.0	-2.5	9.5	18.7	23.3	21.6	14.3	3.3	-8.2	-18.3	-23.2
17	16	-21.1	-12.6	-2.1	9.8	18.9	23.2	21.5	14.0	2.9	-8.6	-18.6	-23.3
18	17	-20.9	-12.3	-1.7	10.2	19.1	23.4	21.3	13.7	2.6	-9.0	-18.8	-23.3
19	18	-20.7	-11.9	-1.3	10.5	19.4	23.4	21.2	13.3	2.2	-9.3	-19.1	-23.4
20	19	-20.5	-11.6	-0.9	10.9	19.6	23.4	21.0	13.0	1.8	-9.7	-19.3	-23.4
21	20	-20.3	-11.2	-0.5	11.2	19.8	23.4	20.8	12.7	1.4	-10.1	-19.5	-23.4
22	21	-20.1	-10.9	-0.1	11.6	20.0	23.4	20.6	12.4	1.0	-10.4	-19.8	-23.4
23	22	-19.9	-10.5	0.3	11.9	20.2	23.4	20.4	12.0	0.6	-10.8	-20.0	-23.4
24	23	-19.7	-10.1	0.7	12.3	20.4	23.4	20.2	11.7	0.2	-11.1	-20.2	-23.4
25	24	-19.4	-9.8	1.1	12.6	20.6	23.4	20.0	11.4	-0.2	-11.5	-20.4	-23.4
26	25	-19.2	-9.4	1.5	12.9	20.8	23.4	19.8	11.0	-0.5	-11.8	-20.6	-23.4
27	26	-18.9	-9.0	1.9	13.2	21.0	23.4	19.6	10.7	-0.9	-12.2	-20.8	-23.4
28	27	-18.7	-8.7	2.3	13.6	21.2	23.4	19.4	10.3	-1.3	-12.5	-21.0	-23.4
29	28	-18.4	-8.3	2.7	13.9	21.3	23.3	19.2	10.0	-1.7	-12.9	-21.2	-23.3
30	29	-18.2		3.1	14.2	21.5	23.3	18.9	9.6	-2.1	-13.2	-21.4	-23.3
31	30	-17.9		3.5	14.5	21.6	23.3	18.7	9.3	-2.5	-13.5	-21.5	-23.2
	31			3.8				18.5	8.9		-13.9		

注：（1）用月份、日期查表，闰年1、2月份与平年同，从3月1日开始查闰年一行。
（2）一般情况（即不符合1992年、12时、120°E）查此表时，最大误差不大于0.03°。

附录7 辐射观测中常用的附表

表7.3 大气质量 m 查算表

根据 $m = \dfrac{1}{\sin H_A + 0.15(H_A + 3.8825)^{-1.253}}$ 算出 $H_A = 1.0° \sim 20.0°$（H_A 以1位小数查表）

整数 \ 个位 m	0.0	0.1	0.2	0.3	0.4	0.5	0.6	0.7	0.8	0.9
1	26.3	25.5	24.7	23.7	22.5	21.9	21.3	20.7	20.1	19.8
2	19.5	19.0	18.5	18.0	17.6	17.1	16.7	16.3	15.9	15.6
3	15.2	14.9	14.6	14.2	13.9	13.6	13.4	13.1	12.8	12.6
4	12.3	12.1	11.9	11.7	11.5	11.2	11.1	10.9	10.7	10.5
5	10.3	10.2	10.0	9.8	9.7	9.5	9.4	9.2	9.1	9.0
6	8.8	8.7	8.6	8.5	8.4	8.3	8.1	8.0	7.9	7.8
7	7.7	7.6	7.5	7.4	7.4	7.3	7.2	7.1	7.0	6.9
8	6.9	6.8	6.7	6.6	6.6	6.5	6.4	6.3	6.3	6.2
9	6.2	6.1	6.0	6.0	5.9	5.9	5.8	5.7	5.7	5.6
10	5.6	5.5	5.5	5.4	5.4	5.3	5.3	5.2	5.2	5.1
11	5.1	5.1	5.0	5.0	4.9	4.9	4.9	4.8	4.8	4.7
12	4.7	4.7	4.6	4.6	4.6	4.5	4.5	4.5	4.4	4.4
13	4.4	4.3	4.3	4.3	4.2	4.2	4.2	4.2	4.1	4.1
14	4.1	4.0	4.0	4.0	4.0	3.9	3.9	3.9	3.9	3.8
15	3.8	3.8	3.8	3.7	3.7	3.7	3.7	3.6	3.6	3.6
16	3.6	3.6	3.5	3.5	3.5	3.5	3.5	3.4	3.4	3.4
17	3.4	3.4	3.3	3.3	3.3	3.3	3.3	3.3	3.2	3.2
18	3.2	3.2	3.2	3.2	3.1	3.1	3.1	3.1	3.1	3.1
19	3.0	3.0	3.0	3.0	3.0	3.0	3.0	2.9	2.9	2.9
20	2.9									

$H_A = 20° \sim 90°$（H_A 以整数查表）

整数 \ 小数 m	0	1	2	3	4	5	6	7	8	9
20	2.9	2.8	2.7	2.5	2.4	2.4	2.3	2.2	2.1	2.1
30	2.0	1.9	1.9	1.8	1.8	1.7	1.7	1.7	1.6	1.6
40	1.6	1.5	1.5	1.5	1.4	1.4	1.4	1.4	1.3	1.3
50	1.3	1.3	1.3	1.3	1.2	1.2	1.2	1.2	1.2	1.2
60	1.1	1.1	1.1	1.1	1.1	1.1	1.1	1.1	1.1	1.1
70	1.1	1.1	1.1	1.0	1.0	1.0	1.0	1.0	1.0	1.0
80	1.0	1.0	1.0	1.0	1.0	1.0	1.0	1.0	1.0	1.0
90	1.0									

附录7 辐射观测中常用的附表

表 7.4 日地平均距离修正表 $(\bar{R}/R)^2$ 表中数值 $\times 10^{-4}$（经度120度，1992年）（12时0分）

日期 平年	日期 闰年	1月	2月	3月	4月	5月	6月	7月	8月	9月	10月	11月	12月
1		9669	9706	9811	9978	10145	10279	10336	10305	10191	10031	9858	9728
2	1	9669	9708	9816	9983	10150	10282	10336	10302	10187	10026	9853	9725
3	2	9669	9711	9821	9989	10156	10285	10337	10300	10182	10020	9848	9721
4	3	9669	9714	9826	9995	10161	10288	10337	10297	10177	10014	9843	9718
5	4	9669	9717	9830	10001	10166	10291	10337	10295	10172	10008	9838	9715
6	5	9669	9720	9835	10006	10171	10294	10337	10292	10167	10003	9833	9712
7	6	9669	9723	9840	10012	10176	10297	10337	10289	10162	9997	9828	9710
8	7	9669	9726	9846	10018	10180	10299	10337	10286	10157	9991	9823	9707
9	8	9670	9730	9851	10024	10185	10302	10337	10283	10152	9985	9818	9704
10	9	9670	9733	9856	10029	10190	10304	10336	10280	10147	9980	9813	9702
11	10	9670	9736	9861	10035	10195	10307	10336	10276	10142	9974	9808	9699
12	11	9671	9740	9866	10041	10199	10309	10335	10273	10136	9968	9804	9697
13	12	9672	9744	9872	10046	10204	10311	10335	10270	10131	9963	9799	9695
14	13	9673	9747	9877	10052	10209	10313	10334	10266	10126	9957	9795	9692
15	14	9674	9751	9882	10058	10213	10316	10333	10263	10121	9951	9790	9690
16	15	9675	9755	9888	10064	10217	10317	10332	10259	10115	9946	9786	9688
17	16	9676	9759	9893	10069	10222	10319	10331	10255	10110	9940	9781	9686
18	17	9678	9763	9899	10075	10226	10321	10330	10251	10104	9934	9777	9685
19	18	9679	9676	9904	10080	10230	10323	10329	10248	10099	9929	9773	9683
20	19	9680	9771	9910	10086	10234	10324	10328	10244	10093	9923	9769	9681
21	20	9682	9775	9915	10092	10239	10326	10326	10240	10088	9917	9765	9680
22	21	9684	9779	9921	10097	10243	10327	10325	10236	10082	9912	9761	9678
23	22	9685	9784	9926	10103	10247	10329	10323	10231	10077	9906	9757	9677
24	23	9687	9788	9932	10108	10250	10330	10322	10227	10071	9901	9753	9676
25	24	9689	9793	9938	10113	10254	10331	10320	10223	10065	9895	9749	9675
26	25	9691	9797	9943	10119	10258	10332	10318	10219	10060	9890	9745	9673
27	26	9693	9802	9949	10124	10262	10333	10316	10214	10054	9885	9742	9673
28	27	9696	9806	9955	10130	10265	10334	10314	10210	10048	9879	9738	9672
29	28	9698	9811	9960	10135	10269	10335	10312	10205	10043	9874	9735	9671
30	29	9700		9966	10140	10272	10335	10310	10201	10037	9869	9731	9670
31	30	9703		9972	10143	10275	10336	10307	10196	10031	9863	9728	9670
	31			9978		10279		10305	10191		9858		9669

注：（1）用月份、日期查表，闰年1、2月份与平年同，从3月1日开始查闰年一行。

（2）一般情况（即不符合1992年、12时、120°E 条件）查此表时，最大误差不大于 6×10^{-4}。

附录7 辐射观测中常用的附表

表 7.5 日出时间 (T_R) 表 (地平时)　　1~6 月

北纬 日期		10°		20°		30°		35°		40°		45°		50°		52°		54°		56°	
	日	时	分	时	分	时	分	时	分	时	分	时	分	时	分	时	分	时	分	时	分
1月	0	6	17	6	35	6	56	7	08	7	22	7	38	7	59	8	08	8	19	8	32
	5	6	19	6	39	6	57	7	09	7	22	7	38	7	58	8	08	8	18	8	30
	10	6	20	6	37	6	57	7	09	7	22	7	37	7	56	8	05	8	15	8	27
	15	6	21	6	38	6	57	7	08	7	20	7	35	7	53	8	01	8	11	8	22
	20	6	22	6	38	6	56	7	06	7	18	7	32	7	49	7	57	8	05	8	15
	25	6	23	6	37	6	54	7	04	7	15	7	28	7	43	7	50	7	59	8	08
	30	6	23	6	36	6	52	7	01	7	11	7	23	7	37	7	43	7	51	7	59
2月	4	6	22	6	35	6	49	6	57	7	06	7	17	7	30	7	36	7	42	7	50
	9	6	21	6	33	6	45	6	52	7	01	7	10	7	22	7	27	7	33	7	39
	14	6	20	6	30	6	41	6	48	6	55	7	03	7	13	7	18	7	23	7	28
	19	6	19	6	27	6	37	6	42	6	48	6	55	7	04	7	08	7	12	7	17
	24	6	17	6	24	6	32	6	36	6	41	6	47	6	54	6	57	7	01	7	05
3月	1	6	15	6	20	6	26	6	30	6	34	6	39	6	44	6	47	6	49	6	52
	6	6	12	6	16	6	21	6	23	6	26	6	30	6	34	6	35	6	37	6	40
	11	6	10	6	12	6	15	6	17	6	19	6	21	6	23	6	24	6	25	6	27
	16	6	07	6	08	6	09	6	10	6	11	6	11	6	12	6	13	6	13	6	14
	21	6	04	6	04	6	03	6	03	6	02	6	02	6	01	6	01	6	01	6	00
	26	6	01	5	59	5	57	5	56	5	54	5	53	5	50	5	49	5	48	5	47
	31	5	58	5	55	5	51	5	49	5	46	5	48	5	40	5	38	5	36	5	34
4月	5	5	55	5	50	5	45	5	42	5	38	5	34	5	29	5	26	5	24	5	21
	10	5	52	5	46	5	39	5	35	5	30	5	25	5	18	5	15	5	12	5	08
	15	5	50	5	42	5	34	5	28	5	23	5	10	5	08	5	04	5	00	4	55
	20	5	47	5	38	5	28	5	22	5	15	5	07	4	58	4	53	4	48	4	43
	25	5	45	5	35	5	23	5	16	5	08	4	59	4	48	4	43	4	37	4	31
	30	5	43	5	32	5	18	5	11	5	02	4	51	4	39	4	33	4	26	4	19
5月	5	5	41	5	29	5	14	5	05	4	56	4	44	4	30	4	23	4	16	4	08
	10	5	40	5	26	5	10	5	01	4	50	4	37	4	22	4	15	4	07	3	57
	15	5	39	5	24	5	07	4	57	4	45	4	31	4	15	4	07	3	58	3	48
	20	5	38	5	22	5	04	4	53	4	41	4	26	4	08	3	59	3	50	3	39
	25	5	38	5	21	5	02	4	50	4	37	4	21	4	02	3	53	3	43	3	31
	30	5	38	5	20	5	00	4	48	4	34	4	18	3	58	3	48	3	37	3	25
6月	4	5	38	5	20	4	59	4	46	4	32	4	15	3	54	3	44	3	32	3	19
	9	5	38	5	20	4	58	4	46	4	31	4	13	3	51	3	41	3	29	3	15
	14	5	39	5	20	4	58	4	45	4	30	4	13	3	50	3	39	3	27	3	13
	19	5	40	5	21	4	59	4	46	4	31	4	13	3	50	3	39	3	27	3	13
	24	5	41	5	22	5	00	4	47	4	32	4	14	3	51	3	40	3	28	3	14
	29	5	42	5	23	5	02	4	49	4	34	4	16	3	53	3	43	3	30	3	16

附录7 辐射观测中常用的附表

(7~12月) (续表)

北纬 日期		10°		20°		30°		35°		40°		45°		50°		52°		54°		56°	
	日	时	分	时	分	时	分	时	分	时	分	时	分	时	分	时	分	时	分	时	分
7月	4	5	43	5	25	5	03	4	51	4	36	4	19	3	57	3	46	3	34	3	21
	9	5	45	5	27	5	06	4	53	4	39	4	22	4	01	3	51	3	39	3	26
	14	5	46	5	29	5	08	4	56	4	43	4	26	4	06	3	56	3	45	3	33
	19	5	47	5	30	5	11	5	00	4	47	4	31	4	12	4	03	3	52	3	40
	24	5	48	5	32	5	14	5	03	4	51	4	36	4	18	4	09	4	00	3	49
	29	5	49	5	34	5	17	5	07	4	55	4	41	4	25	4	17	4	08	3	58
8月	3	5	50	5	36	5	20	5	11	5	00	4	47	4	32	4	24	4	16	4	07
	8	5	50	5	38	5	23	5	14	5	05	4	53	4	39	4	32	4	25	4	17
	13	5	51	5	39	5	26	5	18	5	09	4	59	4	46	4	40	4	34	4	26
	18	5	51	5	41	5	28	5	22	5	14	5	05	4	54	4	48	4	43	4	36
	23	5	51	5	42	5	32	5	26	5	19	5	11	5	01	4	56	4	50	4	46
	28	5	51	5	43	5	36	5	29	5	24	5	17	5	09	5	05	5	00	4	56
9月	2	5	52	5	45	5	37	5	33	5	28	5	23	5	16	5	13	5	09	5	06
	7	5	50	5	46	5	40	5	37	5	33	5	29	5	23	5	21	5	18	5	15
	12	5	50	5	47	5	43	5	40	5	38	5	35	5	31	5	29	5	27	5	25
	17	5	50	5	48	5	45	5	44	5	42	5	41	5	38	5	37	5	36	5	35
	22	5	49	5	49	5	48	5	49	5	47	5	47	5	46	5	46	5	46	5	45
	27	5	49	5	50	5	51	6	51	5	52	5	53	5	53	5	54	5	54	5	54
10月	2	5	49	5	51	5	54	5	55	5	57	5	59	6	01	6	02	6	03	6	04
	7	5	48	5	52	5	57	5	59	6	02	6	05	6	09	6	10	6	12	6	14
	12	5	48	5	54	6	00	6	03	6	07	6	11	6	17	6	19	6	22	6	25
	17	5	49	5	55	6	03	6	07	6	12	6	18	6	25	6	28	6	31	6	35
	22	5	49	5	57	6	06	6	12	6	18	6	25	6	33	6	37	6	41	6	45
	27	5	50	5	59	6	10	6	16	6	23	6	31	6	41	6	45	6	50	6	56
11月	1	5	50	6	01	6	14	6	21	6	29	6	38	6	49	6	54	7	00	7	06
	6	5	52	6	04	6	18	6	26	6	35	6	45	6	58	7	04	7	10	7	17
	11	5	53	6	06	6	22	6	30	6	40	6	52	7	06	7	12	7	20	7	28
	16	5	55	6	09	6	26	6	35	6	46	6	59	7	14	7	21	7	29	7	38
	21	5	57	6	12	6	30	6	40	6	52	7	05	7	22	7	30	7	38	7	48
	26	5	59	6	15	6	34	6	45	6	57	7	12	7	29	7	38	7	47	7	58
12月	1	6	01	6	19	6	38	6	49	7	02	7	18	7	37	7	45	7	55	8	07
	6	6	04	6	22	6	42	6	54	7	07	7	23	7	43	7	52	8	03	8	14
	11	6	07	6	25	6	46	6	58	7	12	7	28	7	48	7	58	8	09	8	21
	16	6	09	6	28	6	48	7	01	7	15	7	32	7	53	8	02	8	14	8	26
	21	6	12	6	30	6	52	7	04	7	18	7	35	7	56	8	06	8	17	8	29
	26	6	14	6	33	6	54	7	06	7	20	7	37	7	58	8	08	8	19	8	32
	31	6	17	6	35	6	56	7	08	7	22	7	38	7	59	8	08	8	19	8	32

注：(1) 根据本地纬度和月份日期查表。若纬度、日期不恰好在表中，用内插方法求取。

(2) 由于经度时间年份不同，查此表时误差不大于4分钟。

附录7 辐射观测中常用的附表

表7.6 日落时间(T_S)表(地平时)　　1~6月

北纬 日期		10°		20°		30°		35°		40°		45°		50°		52°		54°		56°	
	日	时	分	时	分	时	分	时	分	时	分	时	分	时	分	时	分	时	分	时	分
1月	0	17	47	17	31	17	10	16	58	16	44	16	28	16	08	15	58	15	47	15	35
	5	17	52	17	35	17	14	17	02	16	49	16	33	16	13	16	04	15	53	15	41
	10	17	55	17	38	17	18	17	07	16	54	16	38	16	19	16	10	16	00	15	49
	15	17	58	17	41	17	22	17	12	16	59	16	44	16	26	16	17	16	09	15	58
	20	18	00	17	45	17	27	17	17	17	05	16	51	16	34	16	26	16	17	16	07
	25	18	02	17	48	17	31	17	21	17	11	16	58	16	42	16	35	16	27	16	18
	30	18	04	17	51	17	35	17	27	17	17	17	05	16	51	16	44	16	37	16	28
2月	4	18	06	17	54	17	40	17	32	17	23	17	12	16	59	16	53	16	47	16	39
	9	18	07	17	56	17	44	17	37	17	29	17	19	17	08	17	03	16	57	16	50
	14	18	08	17	59	17	48	17	42	17	34	17	26	17	16	17	12	17	07	17	01
	19	18	09	18	01	17	52	17	46	17	40	17	33	17	25	17	21	17	17	17	12
	24	18	10	18	03	17	55	17	51	17	46	17	40	17	33	17	30	17	27	17	13
3月	1	18	11	18	05	17	59	17	56	17	52	17	47	17	42	17	39	17	37	17	34
	6	18	11	18	07	18	02	18	00	17	57	17	54	17	50	17	48	17	46	17	44
	11	18	11	18	08	18	06	18	04	18	02	18	00	17	57	17	57	17	56	17	55
	16	18	11	18	10	18	09	18	08	18	08	18	07	18	06	18	06	18	06	18	05
	21	18	11	18	11	18	12	18	12	18	13	18	13	18	14	18	15	18	15	18	15
	26	18	11	18	13	18	15	18	16	18	18	18	20	18	22	18	23	18	24	18	26
	31	18	11	18	14	18	18	18	20	18	23	18	23	18	26	18	30	18	34	18	36
4月	5	18	11	18	15	18	21	18	24	18	28	18	33	18	38	18	40	18	43	18	46
	10	18	11	18	17	18	24	18	28	18	33	18	39	18	46	18	49	18	52	18	56
	15	18	11	18	18	18	27	18	32	18	38	18	45	18	53	18	57	19	02	19	06
	20	18	11	18	20	18	30	18	36	18	43	18	51	19	01	19	06	19	11	19	17
	25	18	11	18	21	18	33	18	40	18	48	18	58	19	09	19	14	19	20	19	27
	30	18	12	18	23	18	37	18	44	18	53	19	01	19	17	19	23	19	29	19	37
5月	5	18	12	18	25	18	40	18	48	18	58	19	10	19	24	19	31	19	39	19	47
	10	18	13	18	27	18	43	18	52	19	03	19	16	19	32	19	39	19	47	19	57
	15	18	14	18	29	18	46	18	56	19	08	19	22	19	39	19	47	19	56	20	06
	20	18	15	18	31	18	49	19	00	19	13	19	28	19	46	19	55	20	04	20	15
	25	18	16	18	33	18	52	19	04	19	17	19	33	19	52	20	02	20	12	20	24
	30	18	17	18	35	18	55	19	07	19	21	19	38	19	58	20	08	20	19	20	31
6月	4	18	19	18	37	18	58	19	10	19	25	19	42	20	03	20	13	20	25	20	38
	9	18	20	18	39	19	00	19	13	19	28	19	45	20	07	20	18	20	30	20	43
	14	18	21	18	40	19	02	19	15	19	30	19	48	20	10	20	21	20	33	20	47
	19	18	22	18	42	19	04	19	17	19	32	19	50	20	12	20	23	20	36	20	50
	24	18	24	18	43	19	05	19	18	19	33	19	51	20	13	20	24	20	36	20	51
	29	18	25	18	43	19	05	19	18	19	33	19	51	20	13	20	24	20	36	20	50

附录7 辐射观测中常用的附表

(7~12月) (续表)

北纬 日期		10°		20°		30°		35°		40°		45°		50°		52°		54°		56°	
	日	时	分	时	分	时	分	时	分	时	分	时	分	时	分	时	分	时	分	时	分
7月	4	18	25	18	44	19	05	19	18	19	32	19	50	20	11	20	22	20	34	20	47
	9	18	25	18	43	19	04	19	17	19	31	19	48	20	09	20	19	20	30	20	43
	14	18	26	18	43	19	03	19	15	19	29	19	45	20	05	20	15	20	25	20	38
	19	18	25	18	43	19	01	19	12	19	25	19	41	20	00	20	09	20	19	20	31
	24	18	25	18	40	18	59	19	09	19	22	19	38	19	54	20	03	20	12	20	23
	29	18	24	18	39	18	56	19	06	19	17	19	31	19	47	19	55	20	04	20	14
8月	3	18	22	18	36	18	52	19	01	19	12	19	24	19	40	19	47	19	55	20	04
	8	18	21	18	33	18	48	18	56	19	06	19	18	19	31	19	38	19	45	19	53
	13	18	19	18	30	18	43	18	51	19	00	19	10	19	23	19	28	19	35	19	42
	18	18	17	18	27	18	38	18	45	18	53	19	02	19	13	19	18	19	24	19	30
	23	18	14	18	23	18	33	18	39	18	46	18	54	19	03	19	08	19	13	19	18
	28	18	11	18	19	18	27	18	33	18	38	18	45	18	53	18	57	19	01	19	05
9月	2	18	09	18	15	18	22	18	26	18	30	18	36	18	42	18	46	18	49	18	53
	7	18	06	18	10	18	16	18	19	18	22	18	27	18	32	18	34	18	37	18	40
	12	18	03	18	06	18	10	18	12	18	14	18	17	18	21	18	23	18	25	18	26
	17	17	59	18	01	18	03	18	05	18	06	18	08	18	10	18	11	18	12	18	13
	22	17	56	17	57	17	57	17	58	17	58	17	59	17	59	17	59	17	59	18	00
	27	17	53	17	52	17	51	17	50	17	49	17	49	17	48	17	47	17	47	17	47
10月	2	17	50	17	48	17	45	17	43	17	41	17	39	17	37	17	36	17	35	17	33
	7	17	47	17	43	17	39	17	36	17	33	17	30	17	26	17	24	17	22	17	20
	12	17	45	17	39	17	33	17	29	17	26	17	21	17	16	17	13	17	11	17	08
	17	17	42	17	35	17	28	17	23	17	18	17	12	17	05	17	02	16	59	16	55
	22	17	40	17	32	17	23	17	17	17	11	17	04	16	56	16	52	16	48	16	43
	27	17	38	17	29	17	18	17	11	17	04	16	56	16	46	16	42	16	37	16	31
11月	1	17	37	17	26	17	13	17	06	16	58	16	49	16	37	16	32	16	26	16	20
	6	17	36	17	23	17	10	17	02	16	52	16	42	16	29	16	23	16	17	16	09
	11	17	35	17	22	17	06	16	57	16	48	16	36	16	22	16	15	16	08	16	00
	16	17	35	17	20	17	04	16	54	16	43	16	31	16	15	16	08	16	00	15	51
	21	17	35	17	19	17	02	16	51	16	40	16	26	16	09	16	02	15	53	15	43
	26	17	36	17	19	17	00	16	50	16	37	16	23	16	05	15	56	15	47	15	36
12月	1	17	37	17	19	17	00	16	49	16	35	16	20	16	01	15	52	15	42	15	31
	6	17	38	17	20	17	00	16	48	16	35	16	19	15	59	15	50	15	39	15	27
	11	17	40	17	22	17	01	16	49	16	35	16	18	15	58	15	49	15	38	15	25
	16	17	42	17	24	17	02	16	50	16	36	16	19	15	59	15	49	15	38	15	25
	21	17	44	17	26	17	05	16	52	16	38	16	21	16	00	15	50	15	39	15	27
	26	17	47	17	28	17	07	16	55	16	41	16	24	16	03	15	53	15	42	15	30
	31	17	50	17	31	17	10	16	58	16	44	16	28	16	08	15	58	15	47	15	35

注:(1)根据本地纬度和月份日期查表。若纬度、日期不恰好在表中,用内插方法求取。
(2)由于经度时间年份不同,查此表时误差不大于4分钟。

附录7 辐射观测中常用的附表

表7.7 遮光环订正系 CQ_2（1997年起用）

据17个辐射一级站，各站总云量月平均值（N）与纬度（φ）按(13.20)式计算出的 CQ_2 值。

站名（纬度）	月份/旬	1 上	1 中	1 下	2 上	2 中	2 下	3 上	3 中	3 下	4 上	4 中	4 下	5 上	5 中	5 下	6 上	6 中	6 下
北京(40)		1.21	1.22	1.23	1.23	1.24	1.27	1.26	1.29	1.31	1.31	1.32	1.32	1.31	1.30	1.30	1.29	1.29	1.29
	N	28			39			46			53			56			60		
沈阳(42)		1.22	1.23	1.24	1.24	1.25	1.25	1.27	1.30	1.32	1.31	1.32	1.32	1.32	1.31	1.31	1.29	1.29	1.29
	N	26			32			40			52			57			65		
额济纳旗(42)		1.22	1.23	1.24	1.24	1.25	1.28	1.26	1.29	1.31	1.21	1.33	1.33	1.32	1.31	1.31	1.30	1.30	1.30
	N	23			29			44			49			51			52		
喀什(39)		1.18	1.19	1.20	1.20	1.21	1.24	1.23	1.26	1.28	1.29	1.30	1.30	1.31	1.30	1.30	1.30	1.30	1.30
	N	55			64			66			65			57			48		
哈尔滨(46)		1.21	1.21	1.22	1.23	1.25	1.27	1.27	1.29	1.31	1.30	1.32	1.32	1.31	1.31	1.31	1.30	1.30	1.30
	N	31			34			39			52			59			63		
乌鲁木齐(44)		1.19	1.19	1.20	1.20	1.22	1.24	1.24	1.26	1.28	1.29	1.31	1.31	1.31	1.31	1.31	1.29	1.29	1.29
	N	43			49			58			58			60			62		
上海(31)		1.9	1.20	1.21	1.21	1.23	1.25	1.25	1.27	1.29	1.29	1.29	1.29	1.28	1.28	1.27	1.24	1.24	1.24
	N	59			67			70			71			74			80		
武汉(31)		1.18	1.19	1.20	1.20	1.22	1.24	1.25	1.27	1.29	1.29	1.29	1.29	1.28	1.28	1.27	1.25	1.25	1.25
	N	63			71			73			73			72			72		
成都(31)		1.16	1.17	1.18	1.18	1.20	1.22	1.23	1.25	1.27	1.28	1.28	1.28	1.26	1.26	1.25	1.23	1.23	1.23
	N	80			88			86			84			86			86		
拉萨(30)		1.23	1.24	1.25	1.24	1.26	1.28	1.27	1.29	1.31	1.30	1.30	1.30	1.29	1.29	1.28	1.25	1.25	1.25
	N	25			40			54			63			62			68		
郑州(35)		1.20	1.20	1.22	1.20	1.22	1.24	1.25	1.27	1.29	1.30	1.31	1.31	1.30	1.30	1.29	1.28	1.27	1.27
	N	49			60			63			65			63			62		
兰州(36)		1.21	1.21	1.23	1.22	1.24	1.26	1.25	1.27	1.29	1.30	1.31	1.31	1.29	1.29	1.28	1.28	1.27	1.27
	N	38			52			65			64			68			66		
格尔木(36)		1.20	1.20	1.22	1.20	1.22	1.24	1.25	1.29	1.29	1.30	1.31	1.31	1.30	1.30	1.29	1.27	1.26	1.26
	N	47			62			67			66			66			67		
广州(23)		1.19	1.20	1.21	1.20	1.22	1.24	1.23	1.25	1.27	1.27	1.27	1.27	1.25	1.24	1.24	1.22	1.22	1.22
	N	63			79			83			85			83			83		
昆明(25)		1.23	1.24	1.25	1.26	1.28	1.30	1.29	1.31	1.33	1.32	1.32	1.32	1.28	1.27	1.27	1.22	1.22	1.22
	N	34			33			34			46			63			85		
三亚(18)		1.19	1.20	1.21	1.21	1.23	1.25	1.26	1.27	1.29	1.28	1.28	1.28	1.25	1.24	1.23	1.20	1.20	1.20
	N	64			72			68			69			76			85		
漠河(53)		1.20	1.20	1.21	1.22	1.23	1.25	1.25	1.27	1.29	1.29	1.31	1.32	1.31	1.32	1.32	1.31	1.31	1.31
	N	35			31			40			54			61			63		

(续表)

站名(纬度) \ 月份 旬	7 上	中	下	8 上	中	下	9 上	中	下	10 上	中	下	11 上	中	下	12 上	中	下
北京(40) N	1.29	1.29	1.29	1.32	1.31	1.31	1.33	1.31	1.29	1.29	1.27	1.25	1.24	1.22	1.21	1.22	1.22	1.22
		70			63			48			41			36			30	
沈阳(42) N	1.29	1.29	1.29	1.32	1.31	1.31	1.33	1.31	1.29	1.30	1.28	1.26	1.25	1.23	1.22	1.23	1.23	1.23
		72			61			45			35			31			25	
额济纳旗(42) N	1.31	1.31	1.31	1.34	1.33	1.33	1.34	1.32	1.30	1.30	1.29	1.26	1.26	1.24	1.23	1.24	1.24	1.24
		54			47			40			28			24			21	
喀什(39) N	1.31	1.31	1.31	1.34	1.33	1.33	1.34	1.32	1.30	1.29	1.27	1.25	1.23	1.21	1.20	1.19	1.19	1.19
		47			46			40			35			43			54	
哈尔滨(46) N	1.30	1.30	1.30	1.32	1.32	1.31	1.32	1.31	1.29	1.28	1.26	1.24	1.23	1.22	1.21	1.22	1.22	1.22
		66			58			46			40			38			35	
乌鲁木齐(44) N	1.31	1.31	1.31	1.34	1.34	1.33	1.32	1.31	1.29	1.28	1.26	1.24	1.21	1.20	1.19	1.19	1.19	1.19
		54			44			40			39			50			49	
上海(31) N	1.26	1.27	1.27	1.21	1.21	1.21	1.21	1.30	1.29	1.29	1.27	1.24	1.23	1.22	1.20	1.21	1.21	1.21
		70			59			66			59			55			51	
武汉(31) N	1.27	1.28	1.28	1.31	1.31	1.31	1.31	1.30	1.29	1.28	1.26	1.23	1.23	1.22	1.20	1.20	1.20	1.20
		66			56			63			62			60			56	
成都(31) N	1.25	1.26	1.26	1.29	1.29	1.29	1.28	1.27	1.26	1.25	1.23	1.20	1.22	1.21	1.19	1.17	1.17	1.17
		81			76			89			90			66			82	
拉萨(30) N	1.25	1.26	1.26	1.28	1.28	1.28	1.30	1.29	1.28	1.32	1.30	1.27	1.27	1.26	1.24	1.24	1.24	1.24
		81			81			69			33			21			20	
郑州(35) N	1.28	1.28	1.28	1.31	1.31	1.31	1.31	1.30	1.29	1.28	1.26	1.24	1.24	1.22	1.21	1.21	1.20	1.20
		70			63			63			53			50			45	
兰州(36) N	1.29	1.29	1.29	1.32	1.32	1.32	1.31	1.30	1.28	1.28	1.26	1.24	1.25	1.23	1.22	1.23	1.22	1.22
		63			57			65			55			40			31	
格尔木(36) N	1.29	1.29	1.29	1.32	1.32	1.32	1.32	1.31	1.29	1.30	1.28	1.26	1.26	1.24	1.23	1.22	1.21	1.21
		61			53			56			41			37			39	
广州(23) N	1.25	1.25	1.26	1.28	1.29	1.29	1.31	1.30	1.29	1.29	1.27	1.25	1.24	1.24	1.21	1.20	1.19	1.19
		71			72			64			56			53			61	
昆明(25) N	1.23	1.23	1.24	1.27	1.28	1.28	1.29	1.28	1.27	1.28	1.26	1.24	1.25	1.23	1.22	1.23	1.22	1.22
		87			82			78			69			52			39	
三亚(18) N	1.22	1.23	1.24	1.25	1.26	1.26	1.28	1.28	1.27	1.27	1.26	1.24	1.23	1.22	1.20	1.20	1.20	1.20
		79			85			79			70			64			61	
漠河(53) N	1.31	1.31	1.31	1.32	1.32	1.30	1.31	1.28	1.26	1.26	1.24	1.22	1.22	1.21	1.20	1.20	1.20	1.20
		66			62			54			45			40			40	

注：表中 N 为总云量30年(1961~1990年)的月平均值(0.1成)。其中，漠河、额济纳旗和三亚用邻近站资料替代。

附录8 日照量别日数时数值表（小时）

北纬 \ 月份	1 ≥60	1 ≤20	2 ≥60	2 ≤20	3 ≥60	3 ≤20	4 ≥60	4 ≤20	5 ≥60	5 ≤20	6 ≥60	6 ≤20	7 ≥60	7 ≤20	8 ≥60	8 ≤20	9 ≥60	9 ≤20	10 ≥60	10 ≤20	11 ≥60	11 ≤20	12 ≥60	12 ≤20
4°00'	7.1	2.4	7.2	2.4	7.2	2.4	7.3	2.4	7.4	2.5	7.4	2.5	7.4	2.5	7.3	2.5	7.3	2.4	7.2	2.4	7.1	2.4	7.1	2.4
4°30'	7.1	2.4	7.2	2.4	7.2	2.4	7.3	2.4	7.4	2.5	7.4	2.5	7.4	2.5	7.3	2.5	7.3	2.4	7.2	2.4	7.1	2.4	7.1	2.4
5°00'	7.1	2.4	7.2	2.4	7.2	2.4	7.3	2.4	7.4	2.5	7.4	2.5	7.4	2.5	7.4	2.5	7.3	2.4	7.2	2.4	7.1	2.4	7.1	2.4
5°30'	7.1	2.4	7.1	2.4	7.2	2.4	7.3	2.4	7.4	2.5	7.5	2.5	7.4	2.5	7.4	2.5	7.3	2.4	7.2	2.4	7.1	2.4	7.0	2.3
6°00'	7.0	2.3	7.1	2.4	7.2	2.4	7.3	2.4	7.4	2.5	7.5	2.5	7.5	2.5	7.4	2.5	7.3	2.4	7.2	2.4	7.1	2.4	7.0	2.3
6°30'	7.0	2.3	7.1	2.4	7.2	2.4	7.3	2.4	7.4	2.5	7.5	2.5	7.5	2.5	7.4	2.5	7.3	2.4	7.2	2.4	7.1	2.4	7.0	2.3
7°00'	7.0	2.3	7.1	2.4	7.2	2.4	7.3	2.4	7.4	2.5	7.5	2.5	7.5	2.5	7.4	2.5	7.3	2.4	7.2	2.4	7.0	2.3	7.0	2.3
7°30'	7.0	2.3	7.1	2.3	7.2	2.4	7.3	2.4	7.4	2.5	7.5	2.5	7.5	2.5	7.4	2.5	7.3	2.4	7.2	2.4	7.0	2.3	7.0	2.3
8°00'	7.0	2.3	7.1	2.3	7.2	2.4	7.4	2.5	7.5	2.5	7.6	2.5	7.5	2.5	7.4	2.5	7.3	2.4	7.1	2.4	7.0	2.3	7.0	2.3
8°30'	7.0	2.3	7.1	2.3	7.2	2.4	7.4	2.5	7.5	2.5	7.6	2.5	7.5	2.5	7.4	2.5	7.3	2.4	7.1	2.4	7.0	2.3	7.0	2.3
9°00'	7.0	2.3	7.1	2.3	7.2	2.4	7.4	2.5	7.5	2.5	7.6	2.5	7.6	2.5	7.4	2.5	7.3	2.4	7.1	2.4	7.0	2.3	6.9	2.3
9°30'	6.9	2.3	7.0	2.3	7.2	2.4	7.4	2.5	7.5	2.5	7.6	2.5	7.6	2.5	7.5	2.5	7.3	2.4	7.1	2.4	7.0	2.3	6.9	2.3
10°00'	6.9	2.3	7.0	2.3	7.2	2.4	7.4	2.5	7.5	2.5	7.6	2.5	7.6	2.5	7.5	2.5	7.3	2.4	7.1	2.4	7.0	2.3	6.9	2.3
10°30'	6.9	2.3	7.0	2.3	7.2	2.4	7.4	2.5	7.5	2.5	7.6	2.5	7.6	2.5	7.5	2.5	7.3	2.4	7.1	2.3	6.9	2.3	6.9	2.3
11°00'	6.9	2.2	7.0	2.3	7.2	2.4	7.4	2.5	7.6	2.5	7.7	2.6	7.7	2.6	7.5	2.5	7.3	2.4	7.1	2.3	6.9	2.3	6.8	2.3
11°30'	6.9	2.2	7.0	2.3	7.2	2.4	7.4	2.5	7.6	2.5	7.7	2.6	7.7	2.6	7.5	2.5	7.3	2.4	7.1	2.3	6.9	2.3	6.8	2.3
12°00'	6.8	2.2	7.0	2.3	7.2	2.4	7.4	2.5	7.6	2.5	7.7	2.6	7.7	2.6	7.5	2.5	7.3	2.4	7.1	2.3	6.9	2.3	6.8	2.3
12°30'	6.8	2.2	7.0	2.3	7.2	2.4	7.4	2.5	7.6	2.5	7.7	2.6	7.7	2.6	7.6	2.5	7.3	2.4	7.1	2.3	6.9	2.3	6.8	2.2
13°00'	6.8	2.2	7.0	2.3	7.2	2.4	7.4	2.5	7.6	2.5	7.7	2.6	7.7	2.6	7.6	2.5	7.3	2.4	7.1	2.3	6.9	2.3	6.8	2.2
13°30'	6.8	2.2	7.0	2.3	7.2	2.4	7.4	2.5	7.6	2.5	7.7	2.6	7.7	2.6	7.6	2.5	7.3	2.4	7.1	2.3	6.9	2.3	6.8	2.2
14°00'	6.8	2.2	7.0	2.3	7.2	2.4	7.4	2.5	7.7	2.6	7.8	2.6	7.7	2.6	7.6	2.5	7.3	2.4	7.1	2.3	6.8	2.3	6.8	2.2
14°30'	6.7	2.2	7.0	2.3	7.2	2.4	7.5	2.5	7.7	2.6	7.8	2.6	7.8	2.6	7.6	2.5	7.3	2.4	7.1	2.3	6.8	2.3	6.8	2.2
15°00'	6.7	2.2	7.0	2.3	7.2	2.4	7.5	2.5	7.7	2.6	7.8	2.6	7.8	2.6	7.6	2.5	7.3	2.4	7.1	2.3	6.8	2.3	6.8	2.2
15°30'	6.7	2.2	6.9	2.3	7.2	2.4	7.5	2.5	7.7	2.6	7.8	2.6	7.8	2.6	7.6	2.5	7.3	2.4	7.1	2.3	6.8	2.3	6.8	2.2
16°00'	6.7	2.2	6.9	2.3	7.2	2.4	7.5	2.5	7.8	2.6	7.9	2.6	7.8	2.6	7.6	2.5	7.3	2.4	7.0	2.3	6.8	2.3	6.7	2.2
16°30'	6.7	2.2	6.9	2.3	7.2	2.4	7.5	2.5	7.8	2.6	7.9	2.6	7.8	2.6	7.6	2.5	7.3	2.4	7.0	2.3	6.8	2.3	6.7	2.2
17°00'	6.6	2.2	6.9	2.3	7.2	2.4	7.5	2.5	7.8	2.6	7.9	2.6	7.8	2.6	7.7	2.6	7.3	2.4	7.0	2.3	6.8	2.3	6.7	2.2
17°30'	6.6	2.2	6.9	2.3	7.2	2.4	7.5	2.5	7.8	2.6	7.9	2.6	7.9	2.6	7.7	2.6	7.3	2.4	7.0	2.3	6.7	2.3	6.7	2.2
18°00'	6.6	2.2	6.9	2.3	7.2	2.4	7.5	2.5	7.8	2.6	7.9	2.6	7.9	2.6	7.7	2.6	7.3	2.4	7.0	2.3	6.7	2.3	6.6	2.2
18°30'	6.6	2.2	6.9	2.3	7.2	2.4	7.5	2.5	7.8	2.6	8.0	2.7	7.9	2.6	7.7	2.6	7.3	2.4	7.0	2.3	6.7	2.2	6.6	2.2
19°00'	6.6	2.2	6.9	2.3	7.2	2.4	7.6	2.5	7.8	2.6	8.0	2.7	7.9	2.6	7.7	2.6	7.3	2.4	7.0	2.3	6.7	2.2	6.6	2.2
19°30'	6.6	2.2	6.9	2.3	7.2	2.4	7.6	2.5	7.9	2.6	8.0	2.7	7.9	2.6	7.7	2.6	7.3	2.4	7.0	2.3	6.7	2.2	6.5	2.2
20°00'	6.6	2.2	6.9	2.3	7.2	2.4	7.6	2.5	7.9	2.6	8.0	2.7	7.9	2.6	7.7	2.6	7.3	2.4	7.0	2.3	6.7	2.2	6.5	2.2
20°30'	6.6	2.2	6.9	2.3	7.2	2.4	7.6	2.5	7.9	2.6	8.0	2.7	7.9	2.6	7.7	2.6	7.3	2.4	7.0	2.3	6.7	2.2	6.5	2.2
21°00'	6.6	2.2	6.9	2.3	7.2	2.4	7.6	2.5	7.9	2.6	8.0	2.7	7.9	2.6	7.7	2.6	7.3	2.4	7.0	2.3	6.7	2.2	6.5	2.2

附录8 日照量别日数时数值表(小时)

(续表)

月份 北纬	1 ≥60	1 ≤20	2 ≥60	2 ≤20	3 ≥60	3 ≤20	4 ≥60	4 ≤20	5 ≥60	5 ≤20	6 ≥60	6 ≤20	7 ≥60	7 ≤20	8 ≥60	8 ≤20	9 ≥60	9 ≤20	10 ≥60	10 ≤20	11 ≥60	11 ≤20	12 ≥60	12 ≤20
21°30′	6.6	2.2	6.9	2.3	7.2	2.4	7.6	2.5	7.9	2.6	8.0	2.7	8.0	2.7	7.7	2.6	7.3	2.4	7.0	2.3	6.6	2.2	6.5	2.2
22°00′	6.5	2.2	6.8	2.3	7.2	2.4	7.6	2.5	7.9	2.6	8.1	2.7	8.0	2.7	7.7	2.6	7.3	2.4	7.0	2.3	6.6	2.2	6.5	2.2
22°30′	6.5	2.2	6.8	2.3	7.2	2.4	7.6	2.5	7.9	2.6	8.1	2.7	8.0	2.7	7.7	2.6	7.3	2.4	7.0	2.3	6.6	2.2	6.4	2.1
23°00′	6.5	2.2	6.8	2.3	7.2	2.4	7.6	2.5	7.9	2.6	8.1	2.7	8.0	2.7	7.7	2.6	7.3	2.4	6.9	2.3	6.6	2.2	6.4	2.1
23°30′	6.5	2.2	6.8	2.3	7.2	2.4	7.6	2.5	7.9	2.6	8.1	2.7	8.0	2.7	7.7	2.6	7.3	2.4	6.9	2.3	6.6	2.2	6.4	2.1
24°00′	6.5	2.2	6.8	2.3	7.2	2.4	7.6	2.5	8.0	2.6	8.1	2.7	8.1	2.7	7.8	2.6	7.3	2.4	6.9	2.3	6.5	2.2	6.4	2.1
24°30′	6.5	2.2	6.8	2.3	7.2	2.4	7.6	2.5	8.0	2.6	8.2	2.7	8.1	2.7	7.8	2.6	7.3	2.4	6.9	2.3	6.5	2.2	6.4	2.1
25°00′	6.4	2.1	6.8	2.3	7.2	2.4	7.6	2.5	8.0	2.6	8.2	2.7	8.1	2.7	7.8	2.6	7.3	2.5	6.9	2.3	6.5	2.2	6.3	2.1
25°30′	6.4	2.1	6.7	2.3	7.2	2.4	7.7	2.5	8.0	2.6	8.2	2.7	8.1	2.7	7.8	2.6	7.4	2.5	6.9	2.3	6.5	2.2	6.3	2.1
26°00′	6.4	2.1	6.7	2.3	7.2	2.4	7.7	2.5	8.1	2.6	8.3	2.8	8.2	2.8	7.8	2.6	7.4	2.5	6.9	2.3	6.5	2.2	6.3	2.1
26°30′	6.3	2.1	6.7	2.2	7.2	2.4	7.7	2.6	8.1	2.7	8.3	2.8	8.2	2.8	7.8	2.6	7.4	2.5	6.9	2.3	6.5	2.2	6.3	2.1
27°00′	6.3	2.1	6.7	2.2	7.2	2.4	7.7	2.6	8.1	2.7	8.3	2.8	8.2	2.8	7.9	2.6	7.4	2.5	6.9	2.3	6.4	2.2	6.2	2.1
27°30′	6.3	2.1	6.7	2.2	7.2	2.4	7.7	2.6	8.1	2.7	8.3	2.8	8.2	2.8	7.9	2.6	7.4	2.5	6.9	2.3	6.4	2.2	6.2	2.1
28°00′	6.3	2.1	6.7	2.2	7.2	2.4	7.7	2.6	8.1	2.7	8.4	2.8	8.3	2.8	7.9	2.6	7.4	2.5	6.9	2.3	6.4	2.2	6.2	2.1
28°30′	6.3	2.1	6.7	2.2	7.2	2.4	7.7	2.6	8.1	2.7	8.4	2.8	8.3	2.8	7.9	2.7	7.4	2.5	6.9	2.3	6.4	2.2	6.2	2.1
29°00′	6.3	2.1	6.7	2.2	7.2	2.4	7.7	2.6	8.1	2.7	8.4	2.8	8.3	2.8	7.9	2.7	7.4	2.5	6.9	2.3	6.4	2.1	6.1	2.0
29°30′	6.2	2.1	6.7	2.2	7.2	2.4	7.8	2.6	8.2	2.7	8.4	2.8	8.3	2.8	7.9	2.7	7.4	2.5	6.8	2.3	6.4	2.1	6.1	2.0
30°00′	6.2	2.1	6.6	2.2	7.2	2.4	7.8	2.6	8.2	2.7	8.4	2.8	8.3	2.8	7.9	2.7	7.4	2.5	6.8	2.3	6.3	2.1	6.1	2.0
30°30′	6.2	2.1	6.6	2.2	7.2	2.4	7.8	2.6	8.2	2.7	8.5	2.8	8.4	2.8	8.0	2.7	7.4	2.5	6.8	2.3	6.3	2.1	6.1	2.0
31°00′	6.2	2.1	6.6	2.2	7.2	2.4	7.8	2.6	8.2	2.7	8.5	2.9	8.4	2.8	8.0	2.7	7.4	2.5	6.8	2.3	6.3	2.1	6.1	2.0
31°30′	6.2	2.1	6.6	2.2	7.2	2.4	7.8	2.6	8.2	2.7	8.5	2.9	8.4	2.8	8.0	2.7	7.4	2.5	6.8	2.3	6.3	2.1	6.0	2.0
32°00′	6.2	2.1	6.6	2.2	7.2	2.4	7.8	2.6	8.3	2.7	8.5	2.9	8.4	2.9	8.0	2.7	7.4	2.5	6.8	2.3	6.3	2.1	6.0	2.0
32°30′	6.1	2.0	6.6	2.2	7.2	2.4	7.8	2.6	8.3	2.8	8.6	2.9	8.5	2.9	8.0	2.7	7.4	2.5	6.8	2.3	6.2	2.1	6.0	2.0
33°00′	6.1	2.0	6.6	2.2	7.2	2.4	7.8	2.6	8.3	2.8	8.6	2.9	8.5	2.9	8.0	2.7	7.4	2.5	6.8	2.3	6.2	2.1	6.0	2.0
33°30′	6.1	2.0	6.6	2.2	7.2	2.4	7.8	2.6	8.3	2.8	8.6	2.9	8.5	2.9	8.0	2.7	7.4	2.5	6.8	2.3	6.2	2.1	5.9	2.0
34°00′	6.1	2.0	6.5	2.2	7.2	2.4	7.8	2.6	8.3	2.8	8.6	2.9	8.5	2.9	8.1	2.7	7.4	2.5	6.7	2.3	6.2	2.1	5.9	2.0
34°30′	6.0	2.0	6.5	2.2	7.2	2.4	7.8	2.6	8.4	2.8	8.7	2.9	8.6	2.9	8.1	2.7	7.4	2.5	6.7	2.3	6.2	2.1	5.9	2.0
35°00′	6.0	2.0	6.5	2.2	7.2	2.4	7.8	2.6	8.4	2.8	8.7	2.9	8.6	2.9	8.1	2.7	7.4	2.5	6.7	2.2	6.1	2.1	5.9	2.0
35°30′	6.0	2.0	6.5	2.2	7.2	2.4	7.9	2.6	8.4	2.8	8.7	2.9	8.6	2.9	8.1	2.7	7.4	2.5	6.7	2.2	6.1	2.1	5.8	1.9
36°00′	6.0	2.0	6.5	2.2	7.2	2.4	7.9	2.6	8.4	2.8	8.8	2.9	8.6	2.9	8.1	2.7	7.4	2.5	6.7	2.2	6.1	2.1	5.8	1.9
36°30′	5.9	2.0	6.5	2.2	7.1	2.4	7.9	2.6	8.5	2.8	8.8	2.9	8.7	2.9	8.1	2.7	7.4	2.5	6.7	2.2	6.1	2.1	5.8	1.9
37°00′	5.9	2.0	6.5	2.2	7.1	2.4	7.9	2.6	8.5	2.8	8.8	3.0	8.7	2.9	8.2	2.7	7.4	2.5	6.7	2.2	6.0	2.0	5.7	1.9
37°30′	5.9	2.0	6.5	2.2	7.1	2.4	7.9	2.6	8.5	2.8	8.8	3.0	8.7	2.9	8.2	2.7	7.4	2.5	6.7	2.2	6.0	2.0	5.7	1.9
38°00′	5.9	2.0	6.5	2.2	7.1	2.4	7.9	2.6	8.5	2.8	8.9	3.0	8.7	2.9	8.2	2.7	7.4	2.5	6.7	2.2	6.0	2.0	5.7	1.9
38°30′	5.8	1.9	6.5	2.2	7.1	2.4	7.9	2.6	8.5	2.8	8.9	3.0	8.7	2.9	8.2	2.7	7.4	2.5	6.7	2.2	6.0	2.0	5.7	1.9

附录8 日照量别日数时数值表(小时)

(续表)

月份\量别(%)\北纬	1 ≥60	1 ≤20	2 ≥60	2 ≤20	3 ≥60	3 ≤20	4 ≥60	4 ≤20	5 ≥60	5 ≤20	6 ≥60	6 ≤20	7 ≥60	7 ≤20	8 ≥60	8 ≤20	9 ≥60	9 ≤20	10 ≥60	10 ≤20	11 ≥60	11 ≤20	12 ≥60	12 ≤20
39°00′	5.8	1.9	6.4	2.1	7.1	2.4	7.9	2.6	8.6	2.9	8.9	3.0	8.7	2.9	8.2	2.7	7.4	2.5	6.7	2.2	6.0	2.0	5.6	1.9
39°30′	5.8	1.9	6.4	2.1	7.1	2.4	7.9	2.6	8.6	2.9	8.9	3.0	8.8	2.9	8.2	2.7	7.4	2.5	6.7	2.2	6.0	2.0	5.6	1.9
40°00′	5.8	1.9	6.4	2.1	7.1	2.4	8.0	2.7	8.6	2.9	9.0	3.0	8.8	2.9	8.2	2.7	7.4	2.5	6.7	2.2	5.9	2.0	5.6	1.9
40°30′	5.7	1.9	6.4	2.1	7.1	2.4	8.0	2.7	8.6	2.9	9.0	3.0	8.8	3.0	8.2	2.7	7.4	2.5	6.6	2.2	5.9	2.0	5.5	1.8
41°00′	5.7	1.9	6.4	2.1	7.1	2.4	8.0	2.7	8.7	2.9	9.0	3.0	8.8	3.0	8.3	2.7	7.4	2.5	6.6	2.2	5.9	2.0	5.5	1.8
41°30′	5.7	1.9	6.4	2.1	7.1	2.4	8.0	2.7	8.7	2.9	9.1	3.0	8.9	3.0	8.3	2.8	7.4	2.5	6.6	2.2	5.9	2.0	5.5	1.8
42°00′	5.7	1.9	6.4	2.1	7.1	2.4	8.0	2.7	8.7	2.9	9.1	3.1	8.9	3.0	8.3	2.8	7.5	2.5	6.6	2.2	5.8	2.0	5.4	1.8
42°30′	5.6	1.9	6.4	2.1	7.1	2.4	8.0	2.7	8.7	2.9	9.1	3.1	8.9	3.0	8.3	2.8	7.5	2.5	6.6	2.2	5.8	2.0	5.4	1.8
43°00′	5.6	1.9	6.3	2.1	7.1	2.4	8.0	2.7	8.8	2.9	9.2	3.1	9.0	3.0	8.3	2.8	7.5	2.5	6.6	2.2	5.8	1.9	5.4	1.8
43°30′	5.6	1.9	6.3	2.1	7.1	2.4	8.0	2.7	8.8	2.9	9.2	3.1	9.0	3.0	8.3	2.8	7.5	2.5	6.6	2.2	5.8	1.9	5.3	1.8
44°00′	5.5	1.8	6.3	2.1	7.1	2.4	8.1	2.7	8.8	3.0	9.2	3.1	9.1	3.0	8.4	2.8	7.5	2.5	6.6	2.2	5.7	1.9	5.3	1.8
44°30′	5.5	1.8	6.3	2.1	7.1	2.4	8.1	2.7	8.9	3.0	9.3	3.1	9.1	3.0	8.4	2.8	7.5	2.5	6.6	2.2	5.7	1.9	5.3	1.8
45°00′	5.5	1.8	6.3	2.1	7.1	2.4	8.1	2.7	8.9	3.0	9.3	3.1	9.1	3.1	8.4	2.8	7.5	2.5	6.5	2.2	5.7	1.9	5.2	1.7
45°30′	5.4	1.8	6.3	2.1	7.1	2.4	8.1	2.7	8.9	3.0	9.4	3.2	9.2	3.1	8.4	2.8	7.5	2.5	6.5	2.2	5.7	1.9	5.2	1.7
46°00′	5.4	1.8	6.2	2.1	7.1	2.4	8.1	2.7	9.0	3.0	9.4	3.2	9.2	3.1	8.5	2.8	7.5	2.5	6.5	2.2	5.6	1.9	5.2	1.7
46°30′	5.4	1.8	6.2	2.1	7.1	2.4	8.1	2.7	9.0	3.0	9.5	3.2	9.2	3.1	8.5	2.8	7.5	2.5	6.5	2.2	5.6	1.9	5.1	1.7
47°00′	5.3	1.8	6.2	2.1	7.1	2.4	8.2	2.7	9.1	3.0	9.5	3.2	9.3	3.1	8.5	2.8	7.5	2.5	6.5	2.2	5.6	1.9	5.1	1.7
47°30′	5.3	1.8	6.2	2.1	7.1	2.4	8.2	2.7	9.1	3.0	9.6	3.2	9.3	3.1	8.5	2.8	7.5	2.5	6.5	2.2	5.5	1.8	5.0	1.7
48°00′	5.3	1.8	6.2	2.1	7.1	2.4	8.2	2.7	9.1	3.0	9.6	3.3	9.4	3.1	8.6	2.9	7.5	2.5	6.5	2.2	5.5	1.8	5.0	1.6
48°30′	5.2	1.7	6.1	2.0	7.1	2.4	8.2	2.7	9.1	3.0	9.6	3.3	9.4	3.1	8.6	2.9	7.5	2.5	6.5	2.2	5.5	1.8	5.0	1.6
49°00′	5.2	1.7	6.1	2.0	7.1	2.4	8.2	2.7	9.2	3.1	9.7	3.3	9.5	3.2	8.6	2.9	7.5	2.5	6.4	2.1	5.4	1.8	4.9	1.6
49°30′	5.2	1.7	6.1	2.0	7.1	2.4	8.3	2.7	9.2	3.1	9.7	3.3	9.5	3.2	8.7	2.9	7.5	2.5	6.4	2.1	5.4	1.8	4.9	1.6
50°00′	5.1	1.7	6.1	2.0	7.1	2.4	8.3	2.7	9.3	3.1	9.8	3.3	9.6	3.2	8.7	2.9	7.6	2.5	6.4	2.1	5.4	1.8	4.8	1.6
50°30′	5.1	1.7	6.0	2.0	7.1	2.4	8.3	2.8	9.3	3.1	9.8	3.3	9.6	3.2	8.7	2.9	7.6	2.5	6.4	2.1	5.3	1.8	4.8	1.6
51°00′	5.0	1.7	6.0	2.0	7.1	2.4	8.3	2.8	9.3	3.1	9.9	3.3	9.7	3.2	8.8	2.9	7.6	2.5	6.4	2.1	5.3	1.8	4.7	1.6
51°30′	5.0	1.7	6.0	2.0	7.1	2.4	8.3	2.8	9.4	3.1	9.9	3.4	9.7	3.2	8.8	2.9	7.6	2.5	6.4	2.1	5.3	1.8	4.7	1.6
52°00′	5.0	1.7	6.0	2.0	7.1	2.4	8.3	2.8	9.4	3.1	10.0	3.3	9.8	3.2	8.8	2.9	7.6	2.5	6.4	2.1	5.3	1.8	4.6	1.6
52°30′	4.9	1.6	5.9	2.0	7.1	2.4	8.4	2.8	9.4	3.1	10.1	3.4	9.8	3.3	8.8	2.9	7.6	2.5	6.4	2.1	5.2	1.7	4.6	1.5
53°00′	4.9	1.6	5.9	2.0	7.1	2.4	8.4	2.8	9.5	3.2	10.1	3.4	9.8	3.3	8.9	3.0	7.6	2.5	6.3	2.1	5.2	1.7	4.5	1.5
53°30′	4.9	1.6	5.9	2.0	7.1	2.4	8.4	2.8	9.5	3.2	10.2	3.4	9.9	3.3	8.9	3.0	7.6	2.5	6.3	2.1	5.2	1.7	4.5	1.5
54°00′	4.8	1.6	5.9	2.0	7.1	2.4	8.4	2.8	9.6	3.2	10.2	3.4	9.9	3.3	8.9	3.0	7.6	2.5	6.3	2.1	5.1	1.7	4.4	1.5

查表说明:1. 表内各栏首≥60%、≤20%对应的各列时数值前,均应加有≥、≤符号;
2. 查表时,本站纬度精确到半度,即01′-14′不计,15′-44′作半度(30′)计,45′-59′作1度(度数的个位数应加1)。